티끌 속의 무한우주

티끌 속의 무한우주

정윤표 지음

프랙탈북스

koch

증보판을 내며

 '티끌 속의 무한 우주'가 세상에 나온지도 벌써 12년이 지났다. 홈페이지를 통해 필자의 프랙탈 우주론을 알게 된 분들로부터 종종 이메일을 받는다. 어떤 분들은 책을 읽어보고 싶지만 서점에서 잘 구할 수가 없다고 불평하고, 필자의 책을 이미 읽어 본 분들은 후속편을 원하기도 한다.
 지난 12년 동안 인류의 과학은 비약적으로 발전해 왔고, 또한 필자가 기대한 방향으로 나아가고 있다. 최근의 과학 발전 속도를 보면 기하급수적이라기보다는 지수함수적이다. 이런 속도라면 머지않아 필자의 우주론이 과학적 관측에 의해 증명될 날이 곧 올 것이라는 기대를 갖게 한다.
 이런 전환기적 시점에서, 필자는 같은 주제로 새로운 책을 쓰기보다는 그 동안 연구해 왔던 내용을 추가하여 재출판하는 쪽을 택했다. 그리고 몇 군데 오류를 바로잡고 독자들이 이해하기 어려웠던 부분들은 좀 더 평이하게 다시 썼다.
 이제 곧 빅뱅 우주의 시대는 저물고 프랙탈 우주의 시대가 올 것이다. 그러면 필자의 책을 읽은 독자들은 누구보다도 먼저 새로운 시대를 이해하고 즐길 수 있게 될 것이다.

    필자의 이론에 공감하고 지지를 보내준 모든 분들께 감사의 마음을 전한다.

2008년 3월, 글쓴이

책머리에

우주에 관해서는 과학자나 철학자 그리고 종교인까지 여러 각도에서 해석하고 있지만, 어쩐지 그런 해석들이 썩 마음에 들지 않는다고 느끼는 사람들이 많을 것이다.

그래서 많은 사람들은 우주의 참모습을 궁금해 하며 나름대로 상상의 날개를 펴 본다. 그러나 이런 개인적인 상상은 드러내 놓고 할 수 있는 성질의 이야깃거리가 아니어서, 사람들은 그냥 자기 가슴에만 묻어 두고 있다. 아니, 그렇다기보다는 자신도 확실히 정리할 수 없는 애매한 상상에 지나지 않기 때문에 화제로 내놓는 것조차 쑥스러울 따름일 것이다.

그런 중에서도 많은 사람들이 비슷한 꿈을 꾸고 있다. 우리가 아주 큰, 정말로 커서 우리의 시선이 도저히 미치지 않는 그런 거인과 함께 있는 꿈이다. 우리가 보는 넓은 하늘은 그 거인의 몸 속, 또는 다리 사이의 아주 작은 부분에 지나지 않기 때문에, 우주선을 타고 아무리 달리고 또 달려 보아도 우리는 거인의 모습을 결코 볼 수 없다.

필자도 아주 어릴 때부터 이런 꿈을 꾸어 왔는데, 이것이 교육의 영향인지 종교의 영향인지 아니면 그냥 자연스런 꿈인지는 별로 중요하지 않다. 중요한 것은, 비록 다른 사람들에게 내놓고 이야기하지 않더라도, 우리는 항상 이 꿈을 소중하게 여기고 있다는 점이다.

   필자는 꿈을 따라 바다로 갔다.
   그리고 20여 년간 항해를 거듭하면서 끝간 데 없이 넓은 하늘을 쳐다보며 언제나 이 꿈을 반추하고 키워 왔다. 그러다가 우연한 계기로 이 꿈은 놀라운 진실을 담고 있음을 깨닫게 되었고, 5년 간에 걸친 연구 끝에 마침내 이 책을 쓰게 되었다.
   이 책은 인류가 이제까지 보지 못한 우주의 비밀을 전부 보여 주고 있다. 소립자에서 우주까지 그리고 무한의 세계에 이르기까지, 일목요연하게 나타나는 규칙성은 필자를 놀라게 했고 또 필자의 이야기를 들은 많은 사람들을 놀라게 했다.
   이제 필자의 이야기가 세상에 알려지게 되어 이에 대한 학술적인 연구가 이루어진다면 인류문명은 중대한 전기를 맞게 될지도 모른다. 필자의 이론이 획기적인 만큼 이것이 진정으로 이해되고 수용되기도 쉽지는 않을 것이다. 그러나 이것은 인류의 과학 문명이 현 단계에 이르지 않았다면 결코 이해될 수 없는 이론이므로 반드시 또 다른 발전을 위한 도약대가 될 것이라고 필자는 생각한다.
   발전이란 낡은 것이 새 것에 의해 대체되는 과정이라고 할 수 있다. 이 대체의 과정은 자연적으로 이루어지는 것이 아니라 인류 스스로의 선택에 의해 이루어진다. 그것이 사상이든 물질이든 새로운 것이 출현할 때마다 사람들은 기존의 것과 새로운 것 사이에서 혼란을 경험하게 되고, 결국은 선택이라는 결정을 내리지 않을 수 없게 된다.

태초 이래 인류 역사의 큰 흐름은 발전을 지향해 왔다고 볼 수 있으므로, 인류가 선택한 길은 대체로 옳았다고 할 수 있겠다.

선택의 시기가 지나가고 후일 그 때를 돌이켜보면 그 선택이 옳았는지 그렇지 않았는지 대개 알 수 있게 되는데, 왜냐하면, 선택의 판단 기준이 될 수 있는 요소들의 의미가 시간의 경과에 따라 객관적으로 드러나게 되기 때문이다.

그러나 우리가 오늘 당장 어떤 선택의 기로에 섰을 때, 옳은 것을 선택하는 일은 결코 쉽지가 않다. 그것은 올바른 선택을 위한 자료가 부족하기 때문이기도 하겠지만, 그보다도 우선 새 것을 받아 들임으로써 지금 가진 것을 포기하기가 쉽지 않고, 또 새로운 것이 갖는 불확실성이 막연한 두려움을 불러 일으키기 때문이다.

그러므로 새로운 것이 출현했을 때, 남보다 먼저 관심을 가지고 수용할 수 있는 사람들은 대단한 용기를 지녔다고 말할 수 있다. 인류 역사 발전의 모든 단계에서 이와 같은 용기 있는 사람들의 선택이 다른 사람들을 이끌었으며, 나아가 역사를 바꾸어 왔다.

필자의 프랙탈 우주론이 세상의 빛을 보게 된 것은 몇몇 용기 있는 분들의 도움 덕분이다. 비록 그분들의 도움이 옛 것을 버리고 새 것을 선택하는 차원의 행위는 아니라 하더라도, 현 시점에서 필자에게 줄 수 있는 최대한의 호의였다고 말할 수 있다.

필자 스스로는 이 새로운 이론이 인류 사회의 발전에 큰 공헌을 하게 되리라는 확신을 갖고 있지만, 사실 한 무명의 아마추어가 내놓은 금시초문의 주장에 사회의 명망 있는 인사들이 선뜻 귀를 기울이기란 웬만한 용기가 없다면 할 수 있는 일이 아니다. 이 지면을 빌려서 그 분들께 감사의 말씀을 드리고자 한다.

필자의 이론을 최초로 이해하고 발표의 기회를 주신 월간조선의 편집부장님, 필자의 첫 에세이를 다듬어 주시고 월간조선에 추천의 글을 써 주신 이화여대의 김성구 교수님, 상당한 위험 부담에도 불구하고 이 책의 첫 출판을 과감하게 결정해 주신 사계절출판사의 기획실장님 이하 여러분, 그리고 필자의 주장을 무겁게 받아주시고 여러 가지 도움과 함께 이 책을 위한 격려의 말씀을 써 주신 조경철 박사님 - 이 분들의 열린 마음에 깊이 감사 드리며, 그 진정한 용기가 높은 찬사를 받게 될 날이 곧 오리라고 믿어 의심치 않는다.

월간조선에 게재된 필자의 에세이를 읽고 공감과 격려의 말씀을 주신 많은 독자들께도 이 지면을 빌려 깊은 감사의 마음을 전한다. 그 분들의 뜨거운 호응과 더 자세한 내용을 알고자 하는 욕구가 필자로 하여금 하루빨리 이 책을 쓰게 한 원동력이 되었다고 해도 과언이 아니다.

1994년 9월, 글쓴이

*" 티끌 속의 무한 우주"*에 부쳐

　전문가와 아마추어의 권위와 공헌도는 분야별로 천차만별이다. 음악과 미술 세계에는 아마추어가 발을 들여 놓을 곳이 거의 없다. 바둑에서는 실력차가 너무나 두드러져서 아마추어는 거론할 필요조차 없다. 철학, 고고학이며 그 밖의 자연과학 분야의 거의 모두가 대학이란 요람에서 자라지 않았다고 하면, 대학을 둘러싼 벽 밖의 사람은 제아무리 같은 학식을 독학으로 체득했다 하더라도, 학회지에 논문을 게재한다든가 하는 발표의 기회는 전혀 주어지질 않는다. 이렇게 '프로'의 세계는 종교 이상으로 완고하고 배타적인 것이다.

　그러나 '아마추어리즘'이 최고의 평가를 받는 무대도 있다. 바로 올림픽(Olympic) 경기이다. 여기에서만은 '프로'는 철저히 배척당한다. 문학 분야도 판에 박힌 대학 강의를 통해 키워진 작가보다는, 때묻지 않은 감성을 예리하고도 풍부하게 자유로운 항간(巷間)에서 성숙시킨 눈과 필력을 존중해 준다.

　천문학은 다른 과학 분야와는 달리 그렇게 자폐적은 아니다. 예를 들어 변광성(變光星) 관측 정보나 혜성 및 소행성, 신성(新星) 등의 발견 활동 중 큰 몫을 아마추어에 의존하고 있다. 일본만 하더라도 아마추어

천문가들의 공헌은 세계적으로 높이 평가 받고 있다.

한국의 사정은 어떤가? 집념이 강하기로는 일본 사람들에게 일보도 뒤지지 않지만 천문우주보다는 속세의 일에 더욱 관심이 큰 탓인지 나는 아직 이렇다 할 특출한 아마추어 과학자를 보지 못했다.

그러나 드디어 한 사나이가 나타났다. 그의 이름은 정윤표.

그의 본업은 거센 파도를 헤치고 전세계의 바다를 누비던 대형 선박의 선장이었다. 그는 광대한 우주와 극미의 세계 사이에 일관된 상수(常數) 관계가 있지 않을까 하는 생각에 도전코자 20년 간의 선장 생활마저 집어 던지고 이 문제에 몰두하기 시작했다.

그는 기독교의 성경에서 볼 수 있는 단순한 우주 창조 과정보다 다각적이고 심오한 불교의 우주관까지 살피고, 초미소(超微小)의 존재에서부터 대우주까지 10의 30승(10^{30})이란 단위로 연쇄(連鎖)되는 미시(微視)와 거시(巨視) 세계의 연주(演奏)를 보여 주려고 했다.

물론 그러한 연구 조사를 부분적으로 시도해 본 다른 과학자들도 있었지만, 이렇게 광범위한 노력을 해 본 사람은 없었다고 나는 생각한다. 약간은 무모하게 자신이 원하는 틀에 넣은 것 같은 서술도 눈에 띄지만, 그것은 이 분야의 '프로'가 아니기 때문이란 저자의 용기가 그렇게 만들었으리라 본다.

이 책은 바다 사나이 특유의 정열을 쏟아 엮은 의욕에 찬 과학 수기(手記)라고 할 수 있다. 이 책에 담긴 노력의 소산은 '프로'들이 가볍게 평가하기엔 그 무게가 너무나 크다. 비록 '프로' 과학자라 해도 자신이 엄

두조차 못 내던 일에 과감하게 도전한 저자의 노고에 박수라도 보낼 수 있는 아량을 가져야 하겠다.

만일에 어느 '프로' 과학자가 저자의 10^{30} 상수론(常數論)이 틀렸다고 정확히 증명하는 논설이나 책을 발표한다면, 이 책은 그것으로도 나름대로의 공헌을 한 셈이 될 것이다.

趙慶哲
(한국우주환경과학연구소장)

티끌 속의 무한우주

증보판을 내며·················5
책머리에·····················7
'티끌 속의 무한 우주'에 부쳐······11

제1장
의문의 우주

- 갈릴레오 갈릴레이 – 최초의 혁명가···········21
- 멀어져 가는 은하들························27
- 보이는 것은 과거뿐························30
- 빅뱅의 승리······························33
- 나는 회의론자····························39
- 150억 년의 의미··························44
- 태양의 운동······························47
- 암선(暗線)의 이동··························52
- 눈뜨는 인류······························56
- 의문의 제기······························59

제2장
우주의 실체

- 거인 세계, 소인 세계 · 79
- 외로운 사람들 · 81
- 바다 이야기 · 84
- 경전에 담긴 비밀 · 94
- 무한의 종교 · 99
- 무한 우주의 구조 · 104
- 프랙탈(Fractal)의 세계 · 106
- 부처의 키 · 111
- 비례의 법칙 · 116
- 큰 것과 작은 것 · 119

제3장
우주의 비밀 – 공간에 관하여

- 사람과 부처 · 125
- 신질서(**新秩序**) – 비례상수 10^{30} · 129
- 거시 세계와 미시 세계 · 131
- 소립자에서 분자까지 · 135
- 생명물질 · 141
- 짝짓기 · 153
- 10배의 편차 · 157
- 원자와 은하 · 159
- 원자핵과 은하핵 · 163
- 세포와 우주 · 168
- 반복되는 10^{30} · 172
- 전자벨트와 극미입자(**極微粒子**) · 175
- 분자와 은하군 · 186
- 나머지 대응 요소들 · 195
- 공간의 신(**新**)질서 · 204

제4장
우주의 비밀 - 시간에 관하여

- 최후의 혁명 · 209
- 아이디어의 무게 · 212
- 시간의 길이 · 216
- 시간의 원리 · 219
- 원자의 회전 주기 예측 · 226
- 적중한 예측 · 233
- 회전 주기의 편차 · 237
- 분자와 국부 은하군의 운동 · 240
- 환상적인 분자의 세계 · 243
- 시간 원리의 재확인 · 247
- 안드로메다의 순수 운동 · 252
- 시간의 새 질서 · 257

제5장
무한 우주를 향하여

- 과거의 껍질 · 261
- 새로운 해석 · 268
- 균일한 속도 · 271
- 무한의 철학 · 276

[부록] 월간조선 1994년 3월호에 게재된 에세이 · · · · · · · · · · · · · · · · · 279

독자 여러분은 이 책에서 그야말로 질서 정연한 우주의 참모습을 보게 될 것이다. 이 새로운 우주를 그 모습 그대로 받아들이기 위해서는 우선 여러분의 마음 속에 품고 있던 우주에 관한 모든 신비감을 던져 버리도록 권한다. 냉정하고 엄격한 논리로써 우주를 바라볼 때에만 우리는 우주의 진실을 이해할 수 있을 것이다.

제1장
의문의 우주

· 갈릴레오 갈릴레이 – 최초의 혁명가
· 멀어져 가는 은하들
· 보이는 것은 과거뿐
· 빅뱅의 승리
· 나는 회의론자
· 150억 년의 의미
· 태양의 운동
· 암선(暗線)의 이동
· 눈뜨는 인류
· 의문의 제기

우주에 시작이 있었다면 그 시작 이전에는 무엇이 있었으며, 팽창해 가는 우주의 끝 저 너머에는 또 무엇이 있는가?

갈릴레오 갈릴레이 – 최초의 혁명가

    인류가 품고 있는 가장 원초적인 의문이 무엇이냐고 한다면, 바로 생명의 기원과 우주의 실체에 대한 의문이라고 말할 수 있을 것이다. 현대 과학에 있어서 지구상의 생명 발생 과정을 밝히려는 연구와 우주의 구조 및 그 역사를 규명하려는 연구는 전혀 다른 별개의 분야에 속한다.

    그러나 과거 인류의 시야가 좁았던 시대에는 이 두 문제는 서로 연결된 하나의 주제였던 바, 옛사람들은 대체로 우주와 생명 등 천지만물이 모두 전능한 신(神)에 의해 창조되었다고 믿었다. 물론 일부 종교는 우주의 모든 것이 어떤 권능에 의해 창조된 것이 아니라 그냥 그대로 항상 존재하고 있음을 설파했지만, 일반 대중들 사이에는 조물주(造物主)가 삼라만상을 다 지어내었다는 소박한 믿음이 지배적이었다.

    생명 과학과 우주 과학 – 오늘날 이 둘은 아주 작은 부분을 제외하고는 상호 연관성이 거의 없는 독립된 분야라고 말할 수 있는데, 이렇게 된 까닭은 순전히 과학의 발달로 인해 인간의 시야가 극대와 극소의 양 방향으로 급속하게 확장되었기 때문이다.

과학이 발달함에 따라 신의 입지는 당연히 그만큼 좁아지게 되었고, 천지만물의 창조에 대한 신의 독점적 권리도 약화되었다. 그러나 신에 의한 창조를 배제하더라도, 어떤 사람들은 이 두 가지 본질적인 문제가 여전히 서로 밀접하게 연관되어 있음을 직관으로써 파악하고, 생명 현상과 우주 원리를 통일 논리로 설명하고자 애쓰고 있다.

필자는 이 책에서 주로 우주의 문제를 탐구하여 그 실체를 밝히려고 노력해 보겠다. 만약 생명의 문제와 우주의 문제가 서로 연관되어 있다면, 한 쪽이 완전히 규명되었을 때 다른 쪽은 같은 맥락에서 해답이 구해질 수 있을 것이라고 생각한다. 이 두 문제가 서로 아무런 관련이 없다고 하더라도, 생명은 중요한 우주 현상의 하나이므로, 만약 우리가 우주의 수수께끼를 풀어내게 된다면 그 해답 속에는 생명의 수수께끼에 대한 해답도 내포되어 있을 것이라고 기대해 볼 수 있겠다.

먼 옛날 인류의 논리적 사고 능력이 발달하기 전에 사람들은 우주의 주체를 땅이라고 생각했다. 신은 땅에 생명을 창조했으며, 오로지 땅을 밝히기 위해 해와 달과 별을 만들었다. 그 당시에는 하늘은 단지 땅을 감싸고 있는 한정된 공간일 따름이었다.

사람들은 그 끝을 알 수 없는 광활한 대지 위에 서서 보석과도 같이 빛나는 별들을 바라보며, 그렇게나 아름다운 하늘과 온갖 생물이 번창하는 드넓은 땅을 만들어 주신 신의 은혜에 감사하는 한편, 인간으로서는 도저히 미칠 수 없는 신의 지고한 능력에 깊은 외경심을 품었다.

모든 것은 단순 명쾌했다. 신은 하늘에, 그리고 사람은 땅에 있었다. 땅 위의 모든 현상들은 신의 섭리였고, 인간이 해야 할 가장 중요한 일은 신의 섭리에 복종하는 것이었다.

비록 인간의 수명이 한정적이고 또 삶은 고통의 연속이었지만, 대부분의 사람들은 크게 불만스러워 하지 않았다. 왜냐하면 땅에서의 삶이 끝나더라도 신은 사람들에게 하늘에서의 멋진 새로운 삶을 보장해 주었기 때문이다 ― 비록 여기에는 신을 존경하고 신의 섭리에 순종해야 한다는 조건이 붙어 있었지만.

그러나 인간에게는 다른 동물들과 구별되는 능력, 즉 이성(理性)이라고 일컫는 논리적인 사고 능력이 있기 때문에 어느 시대에나 소수의 회의론자가 있기 마련이었다. 그들은 신의 존재에 대해 회의(懷疑)했고, 신이 생명을 창조했다는 사실에 회의했고, 또한 신의 대변자들이 말하는 우주의 모습에 대해서도 회의했다.

그렇지만 인류역사상 최초의 진정한 혁명을 일으킨 갈릴레오 갈릴레이(Galileo Galilei; 1564~1642)가 출현할 때까지 회의론자들은 인류의 역사에 별다른 영향을 주지 못했다.

우리는 '갈릴레이' 하면 곧 지동설을 떠올리지만, 지동설은 갈릴레이가 처음으로 주장한 것은 아니다. 지구가 우주의 중심이 아니라는 사상은 기원전 고대 그리스 시대부터 있어 왔으며, 갈릴레이가 등장하기 직전에는 폴란드의 천문학자 코페르니쿠스(Nicolaus Copernicus; 1473~1543), 이탈리아의 철학자 지오다노 브루노(Giordano Bruno; 1548~1600) 등이 기독교 신학의 세계관과 충돌하는 견해를 발표했다.

코페르니쿠스는 다행히도 죽을 때까지 아무런 제재를 받지 않았지만, 브루노는 종교재판에 회부되어 수 년간 구금된 끝에 화형에 처해졌다. 뒷날 갈릴레이가 종교재판에서 지동설을 부인한 후 코페르니쿠스도 공식적으로 비난 받았고 그의 책은 금서(禁書)로 되었다.

이와 같이 갈릴레이 이전의 여러 사람들이 지구는 우주의 중심이 아니며, 태양은 하늘의 수많은 별들 중의 하나에 지나지 않고, 또한 빛나는 구름 또는 안개로 생각되어 온 은하수는 무수한 별들의 집합체임을 간파하고 이를 주장했지만, 그것은 어디까지나 증거를 댈 수 없는 추측에 지나지 않았다.

갈릴레이가 위대한 이유는 그가 최초로 망원경을 사용한 천문학적 관측을 통해 이러한 사실들을 과학적으로 분명하게 밝혀 냈기 때문이다. 어떤 위대한 사상이나 이론이라도 관측된 사실에는 대항할 수 없으므로, 완고한 성직자들을 제외한 대부분의 천문학자들은 갈릴레이의 이론을 받아들였다. 이 때가 17세기 초반, 그러니까 지금으로부터 400년이 채 안 되는, 인류의 긴 역사에 비하면 바로 어제 같은 때였다.

갈릴레이 이래 인간은 비로소 우주 공간에서의 진정한 자신의 좌표를 이해하기 시작했다. 이제 땅을 덮고 있던 신의 장막은 걷히고, 인간은 하늘의 참모습을 바라볼 수 있게 되었다. 우주의 아래 쪽 반(半)을 차지하고 있던 땅의 위치는 급전직하해서 공간 속의 한 톨 부스러기로 전락해 버렸다.

이에 가장 당황한 것은 두말할 것 없이 신이었다. 아니, 이미 낡아 버린 신의 섭리에 맹종하는 사람들이었다.

아직 인간 사회의 권력은 그들의 손아귀에 있었으므로, 그들은 갈릴레이를 종교재판에 회부해 단죄했다. 그들은 갈릴레이에게 자신의 이론을 포기하지 않으면 악명 높은 종교재판소의 고문을 가하겠다고 위협했는데, 그것은 노쇠한 갈릴레이에게는 죽음을 의미하는 것이나 다를 바 없었다. 그래서 갈릴레이는 지동설을 버릴 것을 서약하고 소중한 목숨을 건졌으나 여생을 피렌체 교외에 유폐되어 보내지 않으면 안 되었다.

이런 갈릴레이를 겁쟁이라고 말할 사람도 있겠지만, 아무도 그가 취한 행동을 비난할 수는 없다. 생명은 소중한 것이며, 자신의 생명에 대한 결정은 자신만이 내릴 수 있기 때문이다. 만약 그곳이 논리가 통하지 않는 종교재판정이 아니고 학술토론장이었다면, 갈릴레이는 상대편의 어떠한 위협적 언사에도 굴복하지 않고 당당하게 자신의 논리를 펼쳤을 것임에 틀림없다. 그러나 그는 진실을 이해할 수 없는 자들에게 자기의 주장만 고집하다가 죽는 것은 헛된 죽음이라고 판단했을 것이다. 갈릴레이는 뛰어난 지성을 가진 만큼 현명한 사람이었다. 학문적 진리를 지키는 것은 종교적 순교와는 다른 것이다.

갈릴레이는 생명을 지키기 위해 자기의 이론을 포기한다고 서약했지만 이미 혁명의 불은 댕겨졌고, 불길은 여지없이 타올랐다.

갈릴레이 이후 추락한 땅의 지위만큼 신의 권력도 약화되었다. 인간은 진정한 의미에서의 논리적 사고를 통해 우주를 바라보기 시작했으며, 과학 기술이 발전하는 만큼 우주의 지평선도 확장되어 갔다.

멀어져 가는 은하들

 그러나 극히 최근까지, 즉 본격적인 천문 관측 기술의 발달이 있기 전까지 인간이 볼 수 있는 우주는 매우 제한되어 있었다. 따라서 지구가 비록 우주의 중심은 아니라 하더라도 생명체가 존재하는 유일한 장소로서 각광 받았으며, 지상 생명체들의 창조주로서의 신의 위치도 상당히 굳건했다.

 20세기에 접어들면서 과학 기술의 발전에 가속이 붙음에 따라 천문 관측 기술도 빠르게 향상되어 갔는데, 1920년대에는 인간의 시야가 획기적으로 확장되어 현대 우주론이 나아갈 방향이 잡히게 되었다. 마침내 사람들은 눈에 보이는 수많은 별들이 모두 하나의 성단(星團), 즉 하나의 은하에 속해 있다는 것을 알게 되었으며, 그것을 은하계(銀河系)라 이름했다. 그리고 곧 이어서, 우주에는 은하계와 같은 규모의 성단들이 무수히 많다는 것이 밝혀졌다.

 그러던 중 참으로 수수께끼 같은 사실이 발견되었는데, 모든 은하들은 – 우리 은하계에 가까이 있는 몇몇 개의 은하들을 제외하고는 – 우리에게서 멀어져 가고 있는 것이 관측된 것이다. 이 사실은 우주가 팽창하고 있음을 암시하며, 이를 역으로 생각해 보면 태초에는 우주의 모든 물질들이 한 점에 집중해 있었을 것이라는 추론이 가능해진다. 그렇게 한 곳에 모여 있었을 태초의 물질 덩어리를 과학자들은 '우주의 알(Cosmic Egg)'이라고 불렀다.

그러면 한 곳에 응집되어 있던 태초의 작은 우주가 어찌해서 지금과 같은 모습을 갖게 되었으며 또 계속 팽창하고 있는 것일까? 이는 필경 '우주의 알'이 폭발했기 때문으로 생각되었으며, 미국의 물리학자 조지 가모프(George Gamow; 1904~1968)는 태초의 이 대사건을 빅뱅(Big Bang: 대폭발)이라고 명명했다.

1920년대는 우주의 영역이 극적으로 확대된 중요한 시기였으며, 그 후 우주의 지평선은 계속 확장되어 갔다. 그리하여 오늘날 과학자들은 대우주의 반지름을 약 150억 광년이라고 추정하고 있다.

현대 우주론에 있어서 빅뱅과 팽창 우주론은 교조적이라 할 만큼 정설로 굳어져 있지만, 허블의 대발견이 있기 전까지는 위대한 아인슈타인(Albert Einstein; 1879~1955) 박사조차도 우주는 항상 그 상태 그대로 존재하고 있다는 정상 우주론(定常宇宙論)의 확고한 지지자였다. 우주의 변화는 너무나 오랜 기간에 걸쳐 일어나므로, 현대적 관측 기술이 없었던 과거의 사람들은 우주의 미세한 변화를 전혀 알아챌 수가 없었다. 따라서 우주는 시간의 흐름에 관계 없이 정적(靜的)이라는 것이 보편적인 생각이었고 또한 아인슈타인 박사의 신념이기도 했다.

아인슈타인 박사는 일반상대성 이론을 완성한 뒤 그것을 전체 우주에 적용해서 계산해 보았다. 일반상대성 이론은 중력에 관한 이론이므로, 이를 우주에 적용하면 우주의 상태를 나타내는 해(解)가 구해질 터였다. 그는 그 해가 그의 신념대로 정적 우주의 해, 즉 시간에 대해 독립적인 해일 것이라고 예상했다.

그러나 결과는 그의 예상과는 반대로 동적 우주의 해였다. 정적 우주를 확신하고 있던 아인슈타인 박사는 자신의 방정식조차 믿지 못했다. 그래서 그는 정적 우주의 해를 유도하기 위해, 후일 그의 일생에 있어서 최대의 실수였다고 고백한 우주상수(宇宙常數)를 만들어 그의 방정식에 무리하게 집어 넣었다.

1929년 미국의 천문학자 에드윈 허블(Edwin Hubble; 1889 ~ 1953)은 정밀한 관측을 통해, 멀리 떨어진 은하들은 모두 우리에게서 멀어지고 있으며 그 후퇴 속도는 각 은하까지의 거리에 비례한다는 사실을 발견했다. 이를 '허블의 법칙'이라 한다.

자연과학은 현상을 다루는 학문이므로, 아무리 뛰어난 이론이라 할지라도 관측된 사실에는 대항할 수 없다. 그리하여 아인슈타인도 허블의 관측 자료에는 백기를 들고 정상 우주론을 포기했다.

그 후 우주가 팽창하고 있다는 이론을 결정적으로 뒷받침하는 사건이 일어났으니, 그것은 바로 우주배경복사(宇宙背景輻射; Cosmic background radiation)의 발견이었다. '우주배경복사'는 대폭발 이론에서 이미 예견되어 있었다.

보이는 것은 과거뿐

우주배경복사에 대해 알아보기 전에, 먼저 우주에서의 시간의 의미를 한번 고찰해 보자.

우리가 보는 우주의 모습은 현실인가? 그렇지 않다. 우리가 보는 우주의 모든 것은 현재의 모습이 아니라 과거의 모습이다.

빛은 1초에 30만 킬로미터를 달린다. 이는 굉장히 빠른 속도임에는 틀림없지만 엄연히 속도라고 하는 물리적 제한을 갖고 있다. 그러므로 아무리 짧은 거리라 하더라도 빛이 도달하는 데에는 소정의 시간이 걸리게 된다. 지금 바로 눈앞에 사랑하는 사람의 아름다운 얼굴을 들여다보고 있더라도, 그 연인의 모습은 현재의 모습이 아니라 과거의 모습이다. 시간은 쉼 없이 흘러가고, 연인의 모습을 담은 빛이 내 눈에 도달하여 그것을 인식하는 데에는 시간이 필요하다. 이와 같이 우리는 항상 세상의 과거 모습만을 볼 수 있을 뿐, 현재의 모습은 결코 볼 수 없다.

이것을 천체의 모습에 적용해 보면 그 의미가 더욱 확실해진다.

지구에서 제일 가까운 별은 대략 4광년 거리에 있다. 광년이란, 빛이 초속 30만 킬로미터로 1년 간 달리는 거리이다. 그 계산은 간단히 할 수 있다. 1년을 초 단위로 환산한 뒤, 30만 킬로미터를 곱해 주면 된다. 연습 삼아 한번 해보자.

    1광년 = 365일 × 24시간 × 60분 × 60초 × 30만km
         = 9,460,800,000,000km
         ≒ 9.46 × 10^{12} km
    따라서 4광년은,
    4 × (9.46 × 10^{12}km) ≒ 3.8 × 10^{13}km

이것은 시속 4만 킬로미터로 달리는 지구인들의 우주 로켓으로 약 11만 년이나 걸리는 엄청난 거리이다. 그러므로 4광년 떨어진 별이란 가까운 장래에 인간이 갈 수 있으리라는 꿈이라도 꾸어 볼 수 있는 곳이 아니다.

여기서 4광년의 의미에 대해 생각해 보자.

4광년이란 빛이 4년 동안 달리는 거리이다. 따라서, 우리가 지금 4광년 떨어진 별의 모습을 본다는 것은 그 별의 4년 전 모습을 보는 것이다. 왜냐하면, 우리가 보고 있는 별의 모습을 담은 빛은 4년 전에 그 별에서 출발했기 때문이다.

4년 정도의 과거란 별것 아닐지 모르지만, 이것이 10만 년쯤 된다면 우리는 우주에 있어서 시간이란 무엇인가 하고 다시 한번 생각해 보지 않을 수 없을 것이다.

 은하계의 지름은 약 10만 광년이다. 따라서, 은하계의 이쪽 끝에서 저쪽 끝까지 빛만큼 빠른 속도로 달려도 10만 년이나 걸린다. 태양은 은하계의 중심에서 약 3만 광년 거리에 있으므로, 은하계의 저쪽 끝에 있는 별은 우리에게서 약 8만 광년 떨어져 있는 셈이 된다. 우리가 8만 광년 떨어져 있는 은하계 끝의 별을 볼 때, 그 별의 모습은 이미 8만 년 전의 모습이다.

 인류의 문명이 시작된 것이 겨우 1만 년 미만인 것을 생각해 보면 8만 년이란 엄청난 시간이다. 설사 그 별에 우리처럼 문명을 가진 생명체가 살고 있는 것이 관측된다 하더라도 이미 그것은 8만 년 전의 모습이다. 지금도 그들이 여전히 존재하고 있을지는 아무도 알 수 없다.

 우리 은하계가 속한 국부은하군(局部銀河群)의 맞은 편 끝에 안드로메다 은하가 있다. 안드로메다 은하까지의 거리는 약 250만 광년이다. 천체망원경으로 쉽게 관측할 수 있는 멋진 나선 은하인 안드로메다 은하의 모습은 그러나 이미 250만 년 전의 모습이다. 그곳에 어떤 문명인들이 있어 우리에게 신호를 보냈다 하더라도 그것은 까마득한 250만 년 전의 일이다. 250만 년 전, 그때 우리는 어디에 있었던가?

빅뱅의 승리

　우주의 반지름은 약 150억 광년이다. 과학자들은 150억 광년 저 너머 우주의 지평선으로부터 오는 빛을 관측했다고 한다. 그렇다면 그 빛은 150억 년 전의 빛이다. 150억 년 전의 빛이란 무슨 의미를 갖는가?

　현대 우주론의 정설로 굳어져 있는 빅뱅 이론에 따르면, 150억 년 전 태초에 초고밀도의 작은 우주가 대폭발을 일으켰으며, 그 후 우주는 광속도로 팽창하고 있다고 한다. 태초의 대폭발은 150억 년 전의 사건이므로, 그 당시에 발생한 빛은 지금까지 150억 광년 되는 거리만큼 달려 나갔을 것이다. 그러므로 150억 광년 저 너머 우주 지평선의 모든 방향에서 거의 균일하게 오고 있는 그 빛은 바로 우주 창생의 빛이라고 할 수 있다. 우리는 지금 150억 년 전 창세기의 빛을 보고 있는 것이다.

　그런데 이 빛은 실은 대폭발 순간의 빛이 아니라 대폭발 후 약 30만 년이 지난 시점의 빛이라고 한다. 대폭발 직후의 빛은 볼 수가 없다고 한다. 대폭발 직후에 가장 강력한 에너지가 발산된 것은 당연한 일이겠지만 우리가 그것을 볼 수 없는 까닭은, 우주 창생 초기에는 온도가 너무 높아 모든 물질이 이온화 된 플라즈마 상태에 있었으므로, 광자(光子)가 전하를 띤 입자들과 충돌을 일으켜 똑바로 나아가지 못해 우주는 불투명했기 때문이라고 한다. 그러나 빅뱅 후 약 30만 년이 지나고 우주의 온도가 약 4천℃까지 떨어지자, 원자핵이 전자를 끌어당겨 전기적으로 중성인 원자가 됨으로써 비로소 우주는 투명해졌고, 광자들은 이제 자유롭게 우주 최초의 빛을 발산하면서 사방으로 퍼져 나갔다는 것이다.

어느 물체로부터 에너지가 사방으로 방출될 때 발생하는 파동을 복사(輻射: radiation)라고 한다. 우주는 태초에 초고밀도의 작은 입자가 폭발을 일으킨 다음 팽창하고 있으므로 그 에너지는 사방으로 방출되어 광속도로 퍼져 나갔을 것이다. 팽창 초기에는 물질의 밀도가 매우 높고 그 온도 또한 매우 높아서 복사가 아주 강력했겠지만, 우주가 팽창함에 따라 물질의 온도는 점점 낮아지고 그에 따라 복사도 점점 약해졌을 것이다.

이미 1940년대에 과학자들은 빅뱅 이론에 근거하여, 우주 창생 후 150억 년이 지난 현재 반지름 150억 광년으로 팽창해 버린 우주에서는 태초의 강력했던 복사가 5K(= −268℃) 정도의 아주 저온 상태의 복사로 존재할 것이라고 예언했다. 그리고 그렇게 낮은 온도의 복사는 전자기파일 것이며, 그것은 수 밀리미터 내지 수 센티미터의 파장을 가진 초단파의 형태를 띠고 있을 것이라고 예상했다. 이것을 우주배경복사(宇宙背景輻射)라고 하는데, 과학자들은 이 배경복사가 우주의 모든 방향으로부터 같은 강도로 관측될 수 있을 것이라고 예측했다.

이와 같이 우주배경복사는 빅뱅 이론에서 예언되어 있었으며, 1964년에 미국의 벨(Bell) 전화회사 연구소에 근무하고 있던 두 과학자 아노 펜지아스(Arno Penzias; 1933~)와 로버트 윌슨(Robert Wilson; 1936~)이 지름 20피트짜리 전파망원경을 사용해 처음으로 그것을 발견했다. 그들은 파장 3cm의 초단파 영역에서 우주의 모든 방향으로부터 오고 있는 균일한 전파를 우연히 발견했는데, 그것이 바로 우주배경복사였던 것이다. 오늘날 우주배경복사는 3K의 온도를 가지며, 그 에너지는 10^{-15}erg 정도라고 밝혀져 있다.

이 발견은 우주 대폭발설을 뒷받침하는 증거로서 의문의 여지 없이 받아 들여졌으며, 펜지아스와 윌슨 두 사람은 그 공로로 1978년에 노벨상을 수상했다. 이로써 정상 우주론은 자취를 감추게 되었고, 빅뱅 이론은 현대 우주론의 정론으로서 그 지위를 굳히게 되었다.

현재는 빅뱅 이론의 부족한 점을 보완하는 인플레이션 우주론이 대두 되어 있는데, 이는 대폭발 이전의 사건을 주로 다루는 이론이다. 고전적인 빅뱅 이론은 태초에 '우주의 알'이 있어서 그것이 대폭발했다고 알기 쉽게 설명하는 반면, 인플레이션 이론은 우주의 시작을 대단히 이해하기 어렵게 만들어 버린 감이 있다.

인플레이션 이론에 따르면, 우주는 무(無)에서 양자요동(量子

搖動)으로 인한 터널 효과로 탄생했다고 한다. 어떤 입자가 높은 에너지의 장벽을 넘는 것이 외견상 불가능하게 보일지라도, 양자론에 따르면, 아주 작은 입자는 매우 짧은 시간에 확률적으로 그 장벽을 뚫고 빠져 나올 수 있다고 한다. 이것을 터널 효과(tunnel effect) 라고 부른다.

우주가 탄생하기 이전의 상태는 무(無)였다. 무란 시간과 공간 및 에너지가 없는 상태이다. 그러나 양자론에서는 무를 시간, 공간 그리고 에너지가 하나의 값으로 결정되지 않고 항상 요동하고 있는 상태라고 생각한다.

이 요동하는 무로부터 10^{-43}초라는 극도의 짧은 순간에 10^{-34}cm의 크기를 갖는, 현존하는 그 어떤 소립자보다 더 작은 입자가 빠져나왔다는 것이다. 이렇게 태어난 입자 우주는 즉시 인플레이션, 즉 팽창을 시작하여 10^{-32}초라는 단시간 동안에 10^{50}배로 급격히 커졌는데, 이 팽창 속도는 광속도보다도 더 빠르다.

영어의 '인플레이션(inflation)'을 우리말로 바꾸면 '팽창'이 되지만, 인플레이션 이론에 대해 이야기할 때는 원어 그대로 쓰는 경향이 있다.

물이 얼음으로 변하는 것처럼, 물질이 어떤 상(相)에서 어떤 조건에 따라 다른 상으로 변하는 것을 상전이(相轉移: phase transition)라고 한다. 인플레이션이 진행됨에 따라 초고밀도의 우주에는 에너지가 낮은 영역이 생기는 현상, 즉 우주의 상전이가 발생했다.

이렇게 발생한 저 에너지 영역은 광속도로 확장되었고, 그에 따라 고 에너지 영역은 반대로 광속도로 급격히 압축됨으로써, 그곳으로부터 우주의 일부가 빠져 나와 독자적으로 팽창하기 시작했다고 한다. 이렇게 하여 제2 세대의 우주가 생겨나게 되었고, 같은 방식으로 제3, 제4 세대 등 무수한 우주가 태어났을 것이라고 한다. 그러므로 인플레이션 이론에 따른다면, 우리가 속해 있는 우주 외에도 무수한 우주가 존재할 가능성이 있다.

우주의 상전이는 저 에너지 영역이 고 에너지 영역을 완전히 덮어 버렸을 때 끝났다고 하는데, 이때가 인플레이션이 종료된 시점이다. 물질이 상전이를 하면 에너지를 방출한다. 그러므로 우주에서도 상전이가 종료된 순간 우주의 잠열(潛熱)이라는 막대한 양의 에너지가 방출되었다고 하며, 인플레이션 이론에서는 이 잠열이 해방된 사건을 빅뱅이라고 해석하고 있다.

인플레이션 이론은 고전적인 빅뱅 이론으로써 해석이 불가능했던 우주의 대구조(大構造)를 설명할 수 있다고 하여, 빅뱅 이론과 함께 현대의 표준 우주론으로서 각광받고 있다.

아직 우주의 시작에 대한 해석이 미진한 점은 있지만, 현대 우주론의 한 가지 결론은 분명한 것 같다. 즉, 우주의 공간적 크기는 반지름 150억 광년, 그 시간적 역사는 150억 년인 유한 우주(有限宇宙)이며, 이는 이론과 관측에 의해 뒷받침되고 있다고 보는 것이다.

그 시작이야 어떠했든, 태초 이래 우주는 미지의 공간으로 끝없이 팽창해 가고 또 시간은 가차없이 미래를 향해 흘러가는데, 우리는 우주의 아득히 먼 과거 모습만을 볼 수 있을 뿐이라는 사실은 극단적인 모순처럼 느껴지기도 한다. 하지만, 슬프게도 이것이 우리 인간의 한계이다. 만약 우리가 우주의 진정한 모습, 즉 우주의 현재 모습을 보기를 원한다면 광속도보다 빠른 비행 물체를 타고 우주 여행을 떠나는 수밖에 없다. 이것은 아직 한낱 꿈에 불과하지만, 먼 훗날 그것이 가능할 때가 올지도 모른다. 인간의 꿈은 항상 이루어져 왔으므로.

그러나 여기 다른 하나의 길이 있다. 이 책을 읽는 독자 여러분은 책을 덮기 전에 이해하게 될 것이다. 우주의 진정한 모습에 이르는 길을.

나는 회의론자

빅뱅 우주론은 대폭발이라는 단어가 주는 강한 이미지만큼이나 강력하게 인류의 마음을 사로잡고 있다. 빅뱅 우주론은 화려한 이론이다. 나아가 스티븐 호킹(Stephen Hawking; 1942~)의 인플레이션 이론은 환상적이기까지 하다.

그 강력한 이미지에 끌려서인지, 최근에는 일부 종교인들마저 천지창조의 연대표(年代表)에 혼란이 야기될 수 있는 위험성에도 불구하고 빅뱅 우주론을 수용하려는 태도를 보이기도 한다.

그러나 어느 시대에든 회의론자는 있게 마련이다. 빅뱅 우주론이 여러 관측자료들에 의해 뒷받침됨으로써, 과거에 인간의 이성이 눈뜨기 전 천동설이 누리던 것과 같은 교조적인 지위에까지 올라서 있지만, 앞으로도 갈 길은 멀고 필자와 같은 회의론자들이 나설 여지는 많이 남아 있다.

태초에 정말 대폭발이 있었던가? 우주는 정말 무(無)에서 탄생했는가? 무(無)란 문자 그대로 '존재가 없음'인데, 무의 상태에서 어떻게 우리가 보고 있는 이 풍성하고 아름다운 물질 우주가 태어날 수 있단 말인가?

호킹의 이론에 따르면, 물질은 양자 요동(量子搖動)이라는 난해한 작용으로 무에서 태어났고, 또 시간은 허수 시간(虛數時間)이란 기묘한 시간을 거쳐 오늘에 이르렀다는데, 우주라는 것이 그토록 이해하기 어렵단 말인가?

우주에 시작이 있었다면 그 시작 이전에는 무엇이 있었으며, 팽창해 가는 우주의 끝 저 너머에는 또 무엇이 있는가?

현대의 과학계를 지배하고 있는 빅뱅 우주론에 의심의 눈길을 보내기 전에, 먼저 마음을 비우고, 있는 그대로의 우주를 바라보기로 하자. 우주의 과거가 어떠했건, 우주의 미래가 어찌 되건, 지금 우리에게 보이는 우주를 한번 살펴보자. 우주는 존재하지 않는 허상이 아니라 엄연한 현실이므로, 난해한 방정식을 푸는 대신 그 현실의 모습을 자세히 들여다보면 해답의 실마리가 풀릴지도 모른다.

우리가 살고 있는 지구는 태양 주위를 돌고 있는 여러 행성 중의 하나이다. 행성 지구는 아름다운 곳이지만, 사실 행성이란 보잘것없는 존재이다. 태양계 전체 질량의 99.866%는 태양의 몫이며, 태양계에서 조금만 벗어나도 지구 같은 건 눈에 보이지도 않을 것이다.

하늘에 떠 있는 무수한 별들은 모두 하나하나의 태양이라 할 수 있다. 우리 태양도 조금만 떨어져서 보면 여느 별처럼 보일 뿐, 결코 특별한 존재는 아니다. 밤 하늘에 거대한 강물처럼 도도하게 흐르는 은하수 - 그것은 다름 아닌 태양과 같은 별들의 모임이다. 우리가 살고 있는 은하계 안에는 태양과 같은 별들이 3천억 개 이상 있다.

별들은 편평한 나선형의 고리 형태로 무리 지어 은하계의 중심 주위를 돌고, 은하계의 중앙부는 공처럼 둥근 형태로 부풀어 있다. 그리고 은하계 전체 질량의 대부분은 중앙부에 집중되어 있다. 은하계 중심 부근에서는 강력한 전파가 분출되고 있는데, 그 전파원(電波源) 속에는 반지름 0.33광년 정도의 은하핵(銀河核)이 포함되어 있다.

전 우주에는 이와 같은 은하들이 3천억 개 이상 존재한다.

우리 은하계는 반지름 5만 광년 정도의 크기이며, 일반적으로 은하들의 반지름은 대략 1만 광년 내지 5만 광년 사이에 분포되어 있다.

우리 은하계는 나선 은하인데, 천문학자들은 모든 은하들을 몇 가지 특징적인 형태로 분류하고 있다. 은하의 분류법으로는 미국의 천문학자 허블의 방법이 그 원조라고 할 수 있다. 허블은 은하들을 타원 은하, 정상 나선 은하, 막대 나선 은하 및 불규칙 은하로 분류했다.

현재는 허블의 방법 중 정상 나선 은하 및 막대 나선 은하를 합쳐서 나선 은하로 분류하고, 타원 은하와 나선 은하의 경계에 있는 형을 하나의 독립된 형태인 렌즈형 은하로 인정하고 있다.

나선 은하는 중앙이 볼록하고 전반적으로는 납작한 렌즈 같은 모양을 하고 있으며, 나선형의 팔을 갖고 있는 것이 특징이다. 나선

은하는 은하들의 대표적 형태라 할 수 있고, 전체 은하의 약 60%가 이에 속한다. 렌즈형 은하는 나선 은하처럼 납작한 렌즈 모양을 하고 있으나 나선형의 팔을 갖지 않는다. 타원 은하는 납작한 모양이 아니라 럭비공처럼 둥근 타원꼴을 하고 있으며 나선형의 팔도 없다. 그리고 불규칙 은하는 납작한 모양을 하고 있으나 렌즈형도 아니고 나선형의 팔도 갖지 않는, 일정한 모양이 없는 은하이다.

반지름 150억 광년의 대우주 안에는 이와 같은 여러 가지의 은하들이 3천억 개 이상이나 흩어져 있다. 우리 은하계만 해도 태양과 같은 별들이 3천억 개 이상 있으니까, 우주 전체로 보면, 별들의 총수는 $3,000억 \times 3,000억 = 9 \times 10^{22}$개로서 통상적인 방법으로는 헤아릴 수조차 없다. 9×10^{22}개나 되는 별 중의 하나가 태양이고, 또 그 태양 질량의 33만분의 1밖에 안 되는 작은 행성이 우리들의 지구인 것이다.

광대한 우주 속에서 한 톨의 티끌처럼 표류하고 있는 지구, 그리고 또 그 위에서 미물처럼 바글거리며 살고 있는 우리들 – 반지름 150억 광년의 거대한 우주는 우리 인간의 힘으로는 정녕 도달할 수 없는 불가해 불가촉의 세계인가? 신(神)이 더 이상 우주에 대한 해답이 되지 않는 현실 속에서, 인간 능력의 한계에 대한 깨달음은 자칫 우리를 비관론자, 패배주의자로 몰고 가기 십상이다. 우리는 그렇게 작은가? 우리는 그렇게나 약한가?

아니다. 인간은 비록 작은 듯하지만, 그 사고는 대우주를 관통한다. 인간의 사고는 무한의 시간과 무한의 공간을 자유로이 헤집고 다니며, 존재하는 모든 것과 존재하지 않는 모든 것에 미칠 수 있다. 우주는 위대하다. 그러나 더 위대한 것은 그것을 이해할 수 있는 인간의 이성이다.

150억 년의 의미

 이제 인간 이성의 위대성으로써 우주의 실체를 꿰뚫어 보기로 하자. 필자가 이 책을 쓰는 목적은 우주 탄생 후 150억 년, 우주 반지름 150억 광년이라는 현재의 유한 우주론을 지지하고자 하는 것이 아니다. 그렇기 때문에, 필자의 이야기를 순리적으로 펼쳐 나가기 위해서는 우선 기존의 빅뱅 우주론부터 자세히 검토해 보지 않으면 안 될 것이다.
 빅뱅 이론은 과연 불멸의 진리인가?
 현대 우주론의 정설인 빅뱅 이론의 가장 뚜렷한 특징은 그 시간 및 공간의 한계성이다. 즉, 우주는 150억 년 전에 대폭발을 일으킨 뒤 광속도로 팽창해 가고 있으므로, 우주의 나이는 150억 년이고 우주의 크기는 반지름 150억 광년이라는 것이다. 이 150억이라는 수치에 대해서는 학자에 따라 다소 견해를 달리하기도 하는데, 최근에는 우주 반지름이 200억 내지 250억 광년이라는 설도 대두되고 있다. 우주 반지름이 200억 광년이라면 그 역사는 200억 년이고, 반지름이 250억 광년이라면 역사는 250억 년이 된다.

우주배경복사가 발견되기 전까지만 해도 우주의 크기는 얼마든지 늘려 잡아 볼 수도 있었지만, 이제 빅뱅 이론 최대의 증거인 배경복사가 발견된 이상 우주 지평선의 존재가 확인되었고, 따라서 우주의 유한성은 확립되었다고 할 수 있다.

빅뱅 이론상 우주의 역사는 150억 년이다. 이 수치에 다소간의 편차가 있어 실제의 역사가 200억 년 또는 300억 년이 된다고 하더라도, 필자가 이 책에서 하고자 하는 우주 이야기에서는 별 문젯거리가 되지 않는다. 그러므로 이 책에서는 현재 가장 잘 알려져 있는 150억 년을 우주의 역사로 보기로 하자. 과연 우주의 역사는 150억 년 정도 밖에 되지 않을 것인가?

150억이란 수치가 크기는 하지만 그렇게 놀랄 만한 수는 아니다. 우리 현대인이 이해하는 수의 개념으로 150억이라는 숫자는 결코 큰 것이라고 할 수 없다. 하기야 예전에는 100만이라는 숫자만 해도 무척이나 크게 느껴지던 시절이 있었는데, 그 시절에 유행되던 단어로서 '백만장자'란 큰 부자를 지칭했다. 그러나 이제는 세상이 많이 바뀌어 부자를 백만장자라고 잘 부르지 않는다. 재벌이라고 하든지, 굳이 수로써 표현하려면 억만장자라고 한다. 보통 사람들의 입에서 억 단위, 조 단위의 숫자가 자연스럽게 오르내리는 것을 보면, 인플레이션이 경제 안정에는 가시와도 같지만 사람들이 큰 수에 숙달되도록 한 공로는 매우 크다고 생각할 수 있겠다.

우주의 문제로 돌아오자.

대우주라고 해서 무조건 무한히 큰 수를 짊어져야 할 이유는 없겠지만, 물질 세계 중 최대의 존재인 우주에 해당되는 수가 겨우 150억이라니, 필자에게는 너무나 부족한 감이 들 뿐이다. 그러나 감상적인 한탄은 아무런 소용에 닿지 않으므로, 지금부터 이 150억 년이라는 수치에 대해 논리적인 검증을 해 보기로 하겠다.

태양의 운동

우주의 역사 150억 년에 관해 고찰하기 위해서는 우선 현재 알려진 우주의 모습에 대해 잘 알아야 되므로, 먼저 우주의 최소 단위인 태양계부터 살펴보기로 하자.

지구 및 태양계의 모든 행성들은 태양 주위를 주기적으로 공전하고 있다. 무엇이 행성들을 태양 주위에 붙잡아 두고 있는가? 그것은 주로 태양과 행성 간의 중력 작용 때문이다. 만약 중력이 없다면 행성들은 우주 공간에 뿔뿔이 흩어져 버리고, 태양계라는 하나의 시스템을 형성할 수가 없을 것이다.

태양과 행성들은 눈에 보이지 않는 강력한 끈과 같은 중력으로 연결되어 있어 우주 공간으로 흩어지지 않는다. 행성이 태양으로부터 벗어나려는 힘과 양자(兩者)의 중력 작용으로 생긴 인력은 끊임없이 균형을 이루고 있어서 행성은 태양의 주위를 공전하게 된다. 만약 이 균형이 무너져 중력이 더 커진다면 행성은 태양에 빨려 들어가 버릴 것이고, 반대로 중력이 약해진다면 행성은 태양으로부터 벗어나 우주 공간 저 너머로 사라져 버릴 것이다.

  이와 같은 공전 운동은 태양계가 생성된 이래 끊임없이 계속되고 있어 그 횟수를 헤아리는 것은 의미가 없을 것이다. 그러나 여기서 행성들이 태초 이래 태양 주위를 한 바퀴도 채 돌지 않았다고 가상해 보자. 이 경우 우리는 태양과 행성 사이의 인력이 충분히 강하여 앞으로 공전을 할 수 있을 것인지, 아니면 인력이 충분하지 못해 행성들이 우주 공간으로 흩어져 버릴 것인지에 대해서는 아무도 확실하게 말할 수 없을 것이다. 즉, 우리가 어떤 천체 시스템과 관련하여 그 구성원이 '공전'하고 있다고 말할 때는, 그 시스템은 중력으로 결합되어 있고 나아가 공전 운동은 반 바퀴 혹은 한 바퀴 정도가 아니라 수없이 행해져 왔다는 것을 의미한다.

  은하계에 대한 태양의 운동도 이와 마찬가지이다.

  태양은 은하계의 중심으로부터 약 3만 광년 떨어져 있으며, 다른 모든 별들과 마찬가지로 은하계의 중심 주위를 공전하고 있다. 태양과 다른 모든 별들이 우주 공간에 뿔뿔이 흩어지지 않고 질서 있게 은하계의 중심 주위를 공전하는 까닭은 은하계의 중심부와 별들 사이의 중력 관계 때문이다.

  태양은 초속 250km 정도의 속도로 운행하고 있는데, 태양이 은하계의 중심 주위로 1회 공전하는 데에는 2억 년 남짓의 시간이 걸린다. 이 공전 주기는 쉽게 구할 수 있다.

연습 삼아 한번 계산해 보자.

태양의 공전 궤도 반지름은 약 3만 광년이다. 이 궤도를 대략 원으로 간주하면, 태양이 1회 공전하는 동안 움직이는 거리는 원둘레를 구하는 공식으로 간단히 계산된다.

태양 공전 궤도의 둘레 = $2\pi r$ = 2 × 3.14 × 3만 광년

3만 광년이란 빛이 초속 30만km로 3만 년 동안 달리는 거리이므로 쉽게 구할 수 있다.

3만 광년 = 300,000km × 60(초) × 60(분) × 24(시간)
          × 365(일) × 30,000(년)
       ≒ 284,000,000,000,000,000km
       ≒ 2.84×10^{17}km

멱(冪)이란 참으로 편리한 계산법이다. 아무리 큰 수라도 10의 어깨에 동그라미의 개수만 적어 넣으면 간단히 표시된다.

따라서 태양의 공전 궤도 둘레는,
$2\pi r$ = 2 × 3.14 × (2.84×10^{17}) = 1.78×10^{18}km

태양의 공전 속도는 초속 250km이므로, 위의 거리를 250km로 나누면 태양이 은하계의 중심 주위를 한 바퀴 공전하는 데 몇 초 걸릴 것인지 답이 나온다.

태양의 공전 주기 = $(1.78 \times 10^{18}) \div 250 = 7.12 \times 10^{15}$초

이것을 년(年) 단위로 환산하면,
$(7.12 \times 10^{15}) \div 60(초) \div 60(분) \div 24(시간) \div 365(일)$
= 225,800,000년

이와 같이 태양의 공전 주기는 2억 2,580만 년 정도로 계산된다. 그러나 태양의 공전 궤도가 정확한 원도 아니고 공전 반지름도 대략적인 수치인 점을 고려하여, 태양의 공전주기는 '대략 2억 년'이라고 표현된다.

우주의 역사가 150억 년이라고 하니, 태양을 기준으로 삼을 때 그 동안 은하계는 약 75회 정도 회전한 셈이 된다. 물론 은하계 중심 가까운 곳에서의 회전 주기는 약 2천만 년이고 태양보다 더 외곽에서는 2억 년보다 길기 때문에 일률적으로 표현할 수는 없지만, 대국적으로 볼 때 그 정도쯤 된다고 할 수 있을 것이다.

태초 이래 은하계가 회전한 총 횟수가 겨우 75회 정도라면 무언가 부족한 듯한 감이 없지 않으나, 그 정도라면 은하계의

질서가 잡혀서 별들의 공전 운동이 규칙적으로 수행되는 데 큰 무리는 없을 것 같기도 하다.

암선(暗線)의 이동

다음은 국부은하군의 운동에 관해 고찰해 보자.

우리 은하계와 그 주위 30여 개의 은하들은 국부은하군(Local Group)을 이루고 있는데, 이들은 국부은하군 전체의 중력 중심 주위를 공전하고 있다. 국부은하군의 은하들이 전체 중력 중심 주위를 공전하고 있다는 것은 어떻게 알 수 있는가?

태양계 밖 천체들의 운동에 관한 구체적인 지식은 순전히 스펙트럼 분석법의 발전 덕분이다. 스펙트럼에 대해 이야기하려면 먼저 도플러 효과를 설명하는 것이 순서이다.

적막에 싸인 깊은 밤, 저 멀리서 기적을 울리며 지나가는 기차 소리를 들어 본 적이 있을 것이다. 요즘은 그런 낭만적인 정경을 접하는 것이 그리 쉽지 않으니까 굳이 기차를 들먹일 필요까지는 없겠다. 한낮 시끄러운 대로상이라도 좋다. 엠뷸런스가 '삐-뽀-삐-뽀-'하는 사이렌을 울리며 지나쳐 가는 것을 한 번쯤 보지 않은 사람은 아마 없을 것이다. 기차의 기적 소리든 구급차의 사이렌 소리든, 소리를 발생하는 물체가 나에게 가까이 올 때에는 음조(音調)가 점점 높아지다가 나를 지나치는 순간부터 음조는 점점 낮아진다.

소리는 음파(音波)로써 전달되는데, 파장(波長)이 길면 음조는 낮고 파장이 짧으면 음조는 높다. 파장이 길다는 것은 파(波)의 진동수가 적다는 의미이고, 파장이 짧다는 것은 파의 진동수가 많다는 의미이다. 그러니까 소프라노 가수는 음성의 파장이 짧고 진동수가 많으므로 그 음조가 높고, 바리톤 가수는 그 반대로 파장이 길고 진동수가 적으므로 그 음조가 낮다.

소리를 내는 물체가 정지해 있고 나도 정지해 있다면, 음조는 변함없이 일정하게 들린다. 그러나 그 물체가 나를 향해 다가오면, 음파의 파장이 압축되어 짧아지고 진동수가 많아지므로 음조는 점점 높아진다. 반대로, 그 물체가 나를 통과하여 멀어지면, 이번에는 파장이 늘어나서 길어지고 진동수가 적어져서 음조는 낮아지게 된다. 이것이 도플러 효과이다.

빛에도 같은 원리가 적용된다.

초등학교 시절, 자연 시간에 빛을 프리즘에 통과시켜 여러 가지 색깔로 나타내는 실험은 누구나 해 보았을 것이다. '빨·주·노·초·파·남·보' – 우리에게 친숙한 색깔의 종류이다. 이것이 바로 빛의 스펙트럼인데, 빛이 이렇게 여러 가지 색깔로 분리되는 이유는 왜일까? 그것은 우리 눈에 보이는 빛이 사실은 여러 가지 파장의 빛들이 합쳐진 것이기 때문이다. 가시 광선 중 파장이 가장 긴 영역은 붉은색이고, 파장이 가장 짧은 영역은 보라색이다.

빛을 내는 물체, 즉 광원(光源)이 우리에게 다가오면, 음파에서와 마찬가지로, 빛의 파장이 짧아지므로 그 빛은 보라색 쪽으로 변하고, 반대로 광원이 우리에게서 멀어지면 파장이 길어져서 그 빛은 붉은색 쪽으로 변한다. 전자를 청색편이(青色偏移; blueshift)라 하고, 후자를 적색편이(赤色偏移; redshift)라고 한다.

　그 원리는 간단하지만, 실제로 멀리 떨어진 천체들의 스펙트럼을 관찰하여 그것들이 우리에게서 멀어지는지 가까워지는지 확인하는 것은 쉬운 일이 아니다. 그러나 다행스럽게도 빛의 스펙트럼은 색깔들이 마냥 연속되지 않고 중간중간에 암선(暗線)들이 있어서, 이것의 움직임을 잘 관찰하면 천체들이 우리에게서 멀어지는지 가까워지는지 알 수 있다.

　이 암선들은 빛이 광원에서 나올 때, 광원 대기(大氣)의 특성에 따라 특정 파장 부분이 대기에 흡수되어 빠져나간 것이다. 광원이 우리에게서 멀어져 적색편이가 일어나면 이 암선들도 붉은색 쪽으로 이동하고, 청색편이의 경우에는 보라색 쪽으로 이동한다.

　때마침 사진술이 발달하여, 사진 건판에 특정 광원의 빛을 장시간 노출시켜 둠으로써 암선들의 미소한 이동이라도 용이하게 관찰할 수 있게 되었다. 이와 같이 빛의 스펙트럼에 나타난 암선의 이동을 연구하면 광원이 우리에게서 멀어지는지 가까워지는지, 그리고 그 속도는 얼마인지를 계산해 낼 수 있다.

　도플러 효과를 응용한 스펙트럼 연구의 결과로 과학자들은 하늘에 가득한 별들의 움직임에 관해 올바른 해석을 내릴 수 있게 되었다. 즉, 별들은 창공에 그냥 흩어져 있는 것이 아니라 질서 정연하게 은하계의 중심 주위를 돌고 있다는 것이 확인되었으며, 이를 토대로 하여 오늘날 우리가 흔히 그래픽으로 접하는 은하계의 모습이 추정되었다.

눈뜨는 인류

1920년대 이전의 사람들은 눈에 보이는 별들의 세계가 우주의 전부라고 생각했다. 우리가 육안으로 볼 수 있는 별들은 모두 은하계라는 하나의 은하에 속해 있으며 이와 같은 규모의 은하들이 수없이 많다는 사실을 당시에는 아무도 몰랐다.

1912년, 미국의 슬라이퍼(Vesto Slipher; 1875~1969)는 안드로메다 성운의 스펙트럼을 연구한 결과, 그것이 초속 300km의 빠른 속도로 우리에게 접근하고 있다는 사실을 발견했다. 이것은 다른 별들의 운동 속도와 비교했을 때 예외적으로 빠른 속도였다.

안드로메다 성운은 은하계 내의 성운이 아니라 실은 은하계 밖의 독립된 다른 은하였지만, 당시 사람들은 이런 사실을 꿈에도 상상하지 못했다.

슬라이퍼는 안드로메다 성운을 닮은 나선형 성운을 더 많이 찾아내고, 그들의 스펙트럼을 분석하여 운동 상태를 연구했다. 당시에는 별들의 스펙트럼 연구가 광범위하게 행해져, 하늘의 별들 중에서 반 정도는 우리에게 접근하고 나머지 반은 후퇴하고 있는 것이 확인된 상태였다. 따라서, 슬라이퍼는 나선형 성운들도 당연히 반 정도는 우리에게 다가오고 나머지 반은 멀어질 것이라고 예상했다.

그러나 관측 결과는 뜻밖에도 안드로메다 성운과 또 하나의 성운을 제외하고는 모든 성운들이 우리로부터 멀어져 가는 것으로 나타났다. 그리고 그들의 평균 시선 속도(視線速度)는 별들의 평균 시선 속도 보다 엄청나게 빠른 초속 600km 이상이었다. 과학자들은 혼란에 빠져 버렸다.

이 수수께끼는 1920년대에 들어서면서 천체 관측 기술이 향상되어 천체들의 이동 속도뿐 아니라 그들까지의 거리를 계산하는 것이 가능하게 됨으로써 비로소 풀리게 되었다. 이에 따라 그 때까지 봉인되어 있던 우주의 비밀이 한 꺼풀 벗겨졌다. 즉, 안드로메다 성운과 기타 성운들은 은하계 내에 포함되어 있는 것이 아니라 은하계에서 멀리 떨어진 독립된 은하들이라는 사실이 밝혀진 것이다.

그 때까지 우주의 전부라고 믿어져 왔던 인간의 하늘은 광대한 우주공간 속의 아주 작은 부분에 지나지 않는 것으로 드러났으며, 우리 은하계 또한 우주에 가득한 은하 가족의 일원임이 밝혀졌다.

이제 인류의 이성이 두꺼운 하늘의 껍질을 깨고 무한 우주를 향해 힘차게 뻗어 나갈 기틀이 세워졌다. 인류는 땅에 속한 존재로부터 태양계의 일원으로, 그리고 은하계의 일원으로, 이제는 대우주의 일원으로 그 지위가 격상되었다.

지구가 우주의 중심이라는 옛사람들의 생각은 이제 신화 같은 이야기가 되어 버렸으며, 인간의 시야가 확장될수록 지구의 상대적인 크기는 더욱 위축되어 우주 공간의 한낱 티끌과 같은 존재로 전락했다. 그러나 그 위에 살고 있는 인간의 존재 가치는 과거와 비교할 수 없을 만큼 고귀해졌다. 인간은 비로소 먹을 것을 찾아 헤매며 일생을 보내는 동물의 무리에서 홀로 이탈하여, 진정한 이성으로써 대우주를 꿰뚫어볼 수 있는 능력을 지닌 위대한 존재가 된 것이다.

의문의 제기

　멀리 떨어진 천체까지의 거리를 구하는 방법이 개발됨으로써, 모든 은하들이 우리로부터 멀어지고 있는 판국에 유독 2개의 은하만이 다가오고 있는 이유가 밝혀졌다. 안드로메다 은하 및 대소 30여 개의 은하들은 우리 은하계로부터 비교적 가까운 거리에 있으며, 그들은 은하계와 함께 국부은하군을 이루고 있다는 사실을 알게 되었다. 과학자들은 국부은하군에 속한 은하들은 그 전체의 중력 중심 주위를 공전하고 있다고 결론지었다. 그러므로 그 중에서 전체 중력 중심의 건너편에 있는 몇 개의 은하들이 우리에게 다가오고 있는 것으로 보인 것은 당연한 이치였다.
　국부은하군의 은하들이 전체 중력 중심 주위를 공전하고 있다는 사실은 국부은하군이 우주 공간에서 하나의 독립된 운동계를 이루고 있다는 것을 의미한다.
　여기서 독자 여러분은 국부은하군이 우주에서 절대로 특별한 구조가 아니라는 점을 유념하기 바란다. 우주에는 3천억 개 이상의 은하들이 분포되어 있는데, 은하들은 기본적으로 수 개 내지 수십 개씩 모여서 국부은하군과 같은 소규모 은하군을 형성한다. 그리고 이런 소규모 은하군들이 모여서 다시 은하단 및 초은하단을 구성하는 것이다.

천체들로 하여금 우주 공간에서 집단을 이루게 하고 또 공전 운동을 수행하게 하는 힘은 무엇인가?

그것은 중력이다. 지구를 비롯한 행성들은 태양과의 중력 관계로 그 주위를 계속 공전하며 하나의 운동계를 이루고 있다. 그리고 은하계를 구성하는 별들은 은하계의 중력 중심 주위를 공전하며 더 큰 운동계를 이루고 있다. 나아가, 국부은하군을 구성하는 은하들도 그 전체 중력 중심 주위를 공전하며 우주 공간에서 하나의 커다란 독립 운동계를 이루고 있다.

국부은하군의 은하들이 공전 운동을 하고 있는 것이 사실이라면, 그와 같은 운동은 우주의 기나긴 역사 속에서 수없이 반복되어 왔을 것임에 틀림없다. 이것은 하나의 추론이지만 태양계, 은하계 등 다른 천체 시스템의 조직과 운동에 비추어 볼 때 매우 당연한 논리적 귀결이라고 할 수 있을 것이다.

국부은하군을 이루고 있는 은하들이 태초 이래 현재까지 단 한 바퀴의 공전도 채 완수하지 못한 상태에 있다고 가정해 보자. 이 경우, 우리는 은하들이 공전 운동을 하고 있다는 말을 할 수가 없을 것이다. 왜냐하면, 현재까지 우리가 수집한 은하 운동에 관한 관측 자료만으로써는 이 은하들이 미래에 일정한 공전 운동을 수행할 것인지 아니면 우주 공간으로 뿔뿔이 흩어져 버릴 것인지에 대해 결코 판단할 수 없기 때문이다. 이 경우에는 또, 우주에 있는 모든 은하들이 한 바퀴의 공전도 하지 않은 상태에서 어떻게 하여 현재와 같은 독립된 은하군들을 형성할 수 있었는지 설명할 방법이 없게 된다.

따라서, 과학자들이 국부은하군에 대해 내린 결론, 즉 국부은하군을 구성하는 은하들은 그 전체 중력 중심 주위를 공전하고 있다는 결론은 옳다. 그렇다면, 그와 같은 공전 운동은 우주의 역사 동안 여러 번 반복되었을 것임에 틀림없다는 추론도 정답이 되어야만 한다.

독자들도 잘 이해하시다시피, 빅뱅 이론은 150억 년의 한정된 역사와 반지름 150억 광년의 한정된 크기를 갖는 유한 우주론이다. 현재까지 과학자들은 우주의 모든 현상을 설명하는 데 150억 년이라는 시간으로 별 부족함이 없었다. 150억 년이란 충분히 긴 시간으로 생각되어 왔으며, 미진한 점이 제기되면 인플레이션 이론, 양자 요동 혹은 허수 시간 등의 난해한 이론으로 보완해 왔다.

그러나 국부은하군에 관해 깊이 고찰해 보면, 우리는 이 150억 년이라는 시간의 유효성에 의문을 품지 않을 수 없게 된다.

은하계를 포함한 주위 30여 개의 은하들은 국부은하군을 형성하고 있는데, 그 대략적인 구조는 이렇다. 우리 은하계와 안드로메다 은하는 거대 은하로 분류되며, 둘 다 나선 은하이다. 국부은하군의 양 끝쯤에 위치한 이 두 은하 사이의 거리는 약 250만 광년이며, 이들을 잇는 선을 축으로 그 주위에 나머지 중소형 은하들이 산재해 있다.

안드로메다 은하는 우리를 향해 접근하고 있으며, 그 시선 속도는 초속 300km 정도로 관측된다. 시선 속도란 관측자가 정지해 있다고 가정하고 측정한 속도이다. 그러나 우리 자신도 항상 운동 중에 있으므로, 안드로메다 은하의 실제 접근 속도를 구하려면 여기에 약간의 손질을 가해야 한다.

태양은 은하계의 중심 주위를 공전하고 있으며, 그 속도는 초속 250km 정도이다. 그런데 때마침 태양의 현재 운동 방향이 안드로메다 은하 쪽을 향하고 있기 때문에, 안드로메다 은하는 그 실제 접근 속도보다 더 빨리 접근하고 있는 것처럼 보인다. 이것은 접근하고 있는 안드로메다 은하를 향하여 우리가 마주 달려나가고 있는 형국이므로, 안드로메다 은하의 실제 이동 속도를 구하려면 시선 속도에서 우리가 마주 달려가는 속도를 빼지 않으면 안 된다.

이렇게 태양이 은하계 주위를 공전하는 효과를 빼면, 안드로메다 은하가 우리 은하계 중심을 향해 접근하는 실제 속도는 초속 약 50km로 계산된다고 한다.

여기서 안드로메다 은하가 국부은하군의 중력 중심 주위를 공전하는 경로를 한번 살펴보자. 안드로메다 은하가 현재의 위치에서 출발한 뒤 국부은하군의 중력 중심 주위를 빙 돌아 우리 은하계가 있는 자리에 오면 반 바퀴 돈 것이 되며, 계속 돌아서 원래의 위치에 도착하면 한 바퀴의 공전이 완료될 것이다.

문제를 간단하게 하기 위하여 안드로메다 은하의 운동을 이렇게 생각해 보자.

안드로메다 은하가 중력 중심 주위를 도는 속도는 당연히 우리 은하계에 대한 직선 접근 속도보다는 좀 빠르다. 그러나 그 회전 속도로써 한 바퀴 도는 시간이나 직선 접근 속도로써 우리 은하계가 있는 곳까지 똑바로 왔다가 제자리로 돌아가는 시간은 똑같게 계산된다.

그러므로 안드로메다 은하가 국부은하군의 중력 중심 주위를 한 바퀴 공전하는 데 걸리는 시간을 구하려면, 안드로메다 은하와 우리 은하계 사이의 직선 왕복 거리를 직선 접근 속도로써 나누면 된다.

안드로메다 은하가 우리 은하계의 중심을 향해 직선으로 접근하는 속도는 초속 50km이고, 한 번 공전하는 동안의 직선 왕복 거리는 500만 광년이다.

500만 광년이란 빛이 500만 년 동안 달리는 거리이므로,
500만 광년 = 5,000,000(년) × 365(일) × 24(시간) × 60(분)
  × 60(초) × 300,000km
  = 4.73×10^{19} km

이 거리를 초속 50km로 나누면 안드로메다 은하가 국부은하군 주위를 공전하는 주기를 구할 수 있다.

안드로메다의 공전 주기 = $(4.73 \times 10^{19}) \div 50 = 9.46 \times 10^{17}$초

이 결과를 알기 쉽게 년 단위로 환산해 보면,
$(9.46 \times 10^{17}$초$) \div 60($초$) \div 60($분$) \div 24($시간$) \div 365($일$)$
= 30,000,000,000년

즉, 안드로메다 은하의 공전 주기는 300억 년이 된다. 이것은 우주의 역사가 150억 년이라는 것을 고려한다면 좀체 이해하기 어려운 결과이다. 그러나 이것은 복잡한 방정식이 아닌 단순한 산수로 얻은 결과이므로 별로 재검토의 여지도 없는 것 같다.
이것을 어떻게 해석할 것인가?

이 결과를 놓고 단순하게 생각해 보면, 안드로메다 은하는 태초 이래 아직 한 바퀴의 공전도 채 못 끝내고 있다는 이야기가 된다. 그리고 장래의 일만 생각해 본다면, 안드로메다 은하가 앞으로 한 바퀴 공전하려면 300억 년, 즉 지금까지의 우주의 전 역사인 150억 년의 2배라고 하는 기나긴 세월이 걸리게 된다는 이야기이다.
우리 국부은하군만이 특별히 게으름을 피우고 있는 것도 아닐 테니 사정은 다른 은하군에서도 마찬가지일 것이다. 그렇다면 아직

한 바퀴도 채 공전하지 않은 은하들이 어떻게 우주 모든 곳에 독립된 형태의 은하군들을 형성할 수 있었을까?

빅뱅 우주론은 화려하고 환상적인 이론이기는 하지만, 이제 한 번쯤 그 진위를 재고해 볼 필요가 있을 것 같다. 왜냐하면, 필자가 판단하기에는 이 이론으로써 우주의 운동을 해석하기에는 시간이 너무나 모자라기 때문이다.

그러나 빅뱅 이론을 지지하는 사람들은 필자가 계산한 결과에 그대로 승복하지는 않을 것이다. 어떤 사람은 필자에게 이렇게 반문한다. "국부은하군이 이제 겨우 반 바퀴 정도 회전했다 하더라도, 그 문제가 은하군이 형성되는 데 반드시 장애가 된다고 할 이유가 어디 있는가라?"라고.

하기야 국부은하군과 같은 것이 하나뿐이고 다른 모든 은하들은 그냥 멋대로 흩어져 있는 상태라면, 반 바퀴 회전인들 굳이 문제될 것은 없을 것이다. 그러나 이 우주에는 국부은하군과 같은 은하 집단들이 무수히 많은 것을 고려하면, 그것들이 모두 한 바퀴도 제대로 회전하지 않은 상태에서 그렇게나 잘 조직되어 있다는 사실이 쉽게 납득 되지 않는다.

은하군들은 모두 은하 간의 중력 작용으로 결합되어 있는 바, 현재의 상태에 이르기까지 은하들은 필경 수많은 공전을 거듭해 왔을 것이라고 추론할 수 있다. 그러나 그러기에는 빅뱅 이론상의 150억 년이란 시간은 너무나 부족하다고 할 수밖에 없다.

그리고 어떤 사람은, "빅뱅 이후 우주는 광속도로 팽창하고 있기 때문에 우주에서의 시간은 상대론적 효과로 느리게 흐르고 있다. 따라서 상대론적으로 늘어진 시간 속에서 국부은하군의 회전은 무수하게 행해졌을 것이다."라고 풀이하기도 한다.

만약 그렇다고 한다면 상대론적인 현상이 하필 국부은하군에만 적용되어 나타날 이유가 없다. 우리 은하계에도 태양계에도 지구 위에도, 나아가 우리 자신에게도 골고루 같은 현상이 일어나지 않으면 안 된다. 유감스럽게도 아직까지 필자는 그런 상대론적인 현상이 우리 주위에서 일어나고 있다는 소식을 들어 본 바가 없다.

또 어떤 사람은, "빅뱅 직후 우주의 부피가 아직 작았을 때에는 은하군의 회전 주기가 매우 짧았으므로 많은 회전이 이루어졌을 것이다. 그러나 우주가 팽창함에 따라 은하 간의 거리는 점점 멀어지게 되었고, 이에 비례하여 회전 주기도 또한 점점 길어지게 되었다. 그리하여 현재 국부은하군의 회전 주기는 300억 년에까지 이르게 되었다."라고 해석하기도 한다.

이것은 상당히 설득력 있는 해석이므로 보다 깊이 분석해 보기로 하자.

이미 앞에서 자세하게 고찰한 바와 같이, 우리가 보는 우주의 모습은 모두 과거의 모습이다. 10억 광년 떨어진 은하는 10억 년 전의 모습이며, 100억 광년 떨어진 은하는 100억 년 전의 모습이다. 우주가 팽창하고 있다면 응당 팽창에 따른 우주 구조의 변화가 있었을 것이다. 이 경우 우리에게서 멀리 떨어진 은하일수록 우주의 부피가 더 작았던 과거의 모습이므로, 은하들 사이의 간격은 우리로부터의 거리에 반비례하여 점점 좁아지는 것으로 관측되지 않으면 안 될 것이다.

그러나 아직까지 100억 광년 이상의 거리에 원시 은하라고 추정되는 은하들이 빽빽하게 밀집해 있는 구역을 관측한 것 외에는, 거리가 멀어짐에 따라 은하 간의 간격이 점점 좁아지는 현상이 관측된 바는 없다. 그 대신, 전 우주 공간에 분포된 은하군들에 있어서 은하들 사이의 간격은 거의 비슷하게 관측되고 있을 뿐이다.

나아가 최근에는 수억 내지 수십억 광년의 공간에 걸쳐 있는 우주의 대구조가 발견되고 있는 바, 시간에 따라 팽창하는 우주에서 균일한 은하 분포를 갖는 대구조가 수십억 광년에 걸쳐서 존재한다는 사실은 우주의 팽창설에 심각한 의문을 더해 주고 있는 것이 현실이다.

팽창 우주론이 진실이라면 우주는 시간의 경과에 따라 팽창하게 되고, 따라서 은하들 사이의 간격은 당연히 점점 벌어지게 된다. 이렇게 은하들 간의 거리가 멀어지게 될 경우, 은하들의 공전 주기는 어떻게 변하게 될까?

상식적으로 판단해 볼 때, 공전 궤도가 늘어나므로 공전 주기도 당연히 길어질 것이다. 그러나 이 경우, 만약 은하들의 공전 속도가 일정하거나 또는 느려지지 않고 오히려 더 빨라진다면, 공전 주기가 길어질 것이라고 확정적으로 말할 수 없게 된다.

그러므로 은하들의 간격이 벌어짐에 따라 공전 속도가 어떻게 변하는가를 알 수 있다면, 공전 주기가 길어질 것인지 어떨지 판단할 수 있게 될 것이다. 이 문제는 우리가 가장 정확하게 관측할 수 있는 태양계의 운동을 조사해 봄으로써 그 해답을 유추할 수 있다.

태양계의 모든 행성들은 태양과의 중력 관계로 인해 태양 주위를 공전하고 있는데, 태양으로부터 멀리 떨어진 행성일수록 그 공전 궤도는 당연히 더 길다.

그러나 공전 속도는 어떨까?

실제로 행성들의 공전 주기나 공전 속도는 태양으로부터의 거리, 행성의 질량, 주변 행성과의 역학 관계 등 여러 요인에 따라 결정되므로, 여기서 어떤 단순한 규칙성을 찾아 내기는 쉬운 일이 아니다. 그러나 지금 우리가 알고자 하는 것은 거리 변화에 따른 공전 속도의 변화이므로, 다른 요인들보다는 주로 행성들과 태양 사이의 거리에 초점을 맞추어 이 문제를 고찰해 보기로 하자.

필자는 각 행성의 공전 주기와 태양으로부터의 평균 거리로써 공전속도를 계산해 보았는데, 그것을 다음의 표로 정리했다.

	질량 (지구=1)	평균거리	공전 주기	공전 속도
수성	0.055	5,791만 (km)	0.24 (년)	48.105 (km/sec)
금성	0.82	1억 821만	0.615	35.078
지구	1	1억 4,960만	1	29.825
화성	0.108	2억 2,800만	1.88	24.178
목성	317.8	7억 7,714만	11.86	13.063
토성	95.4	14억 2,610만	29.458	9.651
천왕성	14.6	28억 6,913만	84	6.809
해왕성	17	44억 9,600만	164.83	5.438
명왕성	0.72	58억 9,900만	248.5	4.732

이 표를 보면 행성들의 질량은 태양으로부터의 거리와 아무 상관없이 들쭉날쭉인 반면, 공전 주기는 태양에서 멀리 떨어진 행성일수록 길어지고 또한 공전 속도도 느려지는 것이 분명히 나타나 있다. 따라서 우리는 천체들 간의 중력 작용은 거리가 멀어질수록 약해지며, 이는 곧 천체의 공전 속도의 저하를 초래한다고 판단할 수 있다.

그러면 이제 국부은하군의 문제로 돌아오자.

과거 은하 간의 거리가 지금보다 가까웠던 시기에 안드로메다 은하의 공전 속도가 얼마나 빨랐는지, 그래서 얼마나 여러 번 공전했는지는 알 수 없다. 그러나 현 시점에서 안드로메다 은하가 국부은하군의 중력 중심 주위를 한 바퀴 공전하는 데 약 300억 년 걸릴 것이라는 사실은 아무도 부정할 수 없을 것이다.

여기서 과거의 일은 모두 접어 두고, 미래에 관해서만 생각해 보자. 문제를 간단히 하기 위해 우주의 역사가 지금까지의 두 배가 되었을 때, 즉 앞으로 150억 년 후의 일을 한번 생각해 보자. 그 때가 되면 우주 반지름은 지금의 두 배인 300억 광년이 될 것이다.

우주 반지름이 두 배로 늘어나면 은하들 간의 거리도 두 배로 멀어진다. 왜냐하면, 원주의 길이는 반지름의 변화에 비례하기 때문이다. 반지름이 두 배로 늘어나면 원주의 길이도 두 배로 길어지고, 따라서 원주상의 두 점 사이의 간격도 두 배로 늘어나게 된다. 은하들 간의 거리가 지금의 두 배로 늘어난다면, 우리 은하계에서 안드로메다 은하까지의 거리도 당연히 두 배로 늘어나서 약 500만 광년이 될 것이다.

은하군을 이루는 은하들 사이의 거리가 멀어지면 태양계의 경우에서 본 것처럼 상호간의 중력 작용은 약해지고, 따라서 은하들의 공전 속도는 당연히 느려질 것이다. 그러나 여기서는 최대한 관대하게 보아, 은하들 간의 거리 증가에 관계 없이 공전 속도는 항상 일정하다고 가정하겠다. 이렇게 가정함으로써 우리는 미래에 일어날 수 있는 최소한의 현상을 예측해 낼 수 있을 것이다.

공전 속도가 항상 일정하다고 가정할 때, 현 상태에서 안드로메다 은하가 국부은하군의 중력 중심 주위를 한 번 공전하는 데 300억 년이 걸린다. 그러므로 150억 년 후 국부은하군의 지름이 두 배로 늘어나면 공전 주기도 두 배로 길어져서 600억 년이 될 것이다.

이 사실이 내포하는 의미는 매우 중대하다. 지금부터 150억 년 동안 안드로메다 은하는 현 상태와 같은 크기의 국부은하군 주위를 반 바퀴 공전하는 거리만큼 이동하게 될 것이다. 그런데 150억 년 후의 시점에 이르면 국부은하군의 지름이 늘어나서 이제 공전 주기가 600억 년이 되어 버릴 것이다. 따라서 안드로메다 은하는 결코 한 바퀴의 공전을 완료할 수 없게 된다.

문제를 간단하게 이해하기 위해 150억 년 후의 일을 생각해 보았으나, 아무리 긴 시간이 지난다 하더라도 마찬가지이다. 우주가 팽창하는 한, 국부은하군의 은하들은 단 1회의 공전도 영영 완수할 수 없는 것이다.

이제 우리는 여기서 한 가지 중요한 결론을 내릴 수밖에 없는데, 그것은 적어도 이 순간부터 우주의 현재 구조는 해체될 것이라는 결론이다. 그 이유는 다음과 같다.

소립자로부터 대우주까지 물질계의 모든 단계에 있어서 어느 하부 구조가 붕괴하면, 그 상부 구조는 자동적으로 붕괴하게 된다. 만약 원자를 구성하는 소립자들이 모두 흩어져 버리면 원자는 존재하지 않게 되고, 따라서 우리가 보고 있는 물질계의 모든 형태는 붕괴되어 버리고 말 것이다. 만약 분자를 이루고 있는 원자들이 모두 흩어져 버린다면, 원자 이상의 모든 구조는 붕괴될 것이며 우주는 독립된 원자로 가득 찬 세계가 되고 말 것이다.

이런 논리는 물질계의 모든 단계에 적용시킬 수 있을 것이다. 만약 은하를 이루는 모든 별들이 흩어져 버린다면, 우주 공간에는 별들만이 무질서하게 있게 될 뿐 은하, 은하군, 은하단 등의 상위 조직은 모두 해체되고 말 것이다.

마찬가지로, 만약 은하군을 구성하는 은하들이 미래에 결코 한 바퀴의 공전을 완수할 수 없다면 이것은 은하군의 해체를 의미한다. 따라서 그 상부 구조인 은하단이나 초은하단은 조직될 수 없을 것이다. 우리는 결국 현재와 같은 체계의 우주 구조는 해체될 것이라고 결론지을 수밖에 없는 것이다.

이것이 바로 우주 팽창에 따라 국부은하군 내의 은하 간 거리가 멀어졌고, 이에 따라 은하의 공전 주기가 길어졌을 것이라는 해석이 도달하게 되는 결론이다. 과연 이 결론을 수용할 수 있을 것인가? 아니면 우주 팽창론을 포기할 것인가?

현재의 우주물리학계에서는 우주가 영원히 팽창할 것인가 아니면 미래의 어느 시점에서 팽창을 멈추고 도로 수축하게 될 것인가에 대해 논의가 분분하다.

이 논의에 있어서의 핵심적인 요소는 우주 전체의 중력이다. 우주는 태초의 대폭발로 인한 팽창 관성에 의해 계속 팽창하고 있고, 중력은 이에 제동을 거는 역할을 하고 있는 것으로 이해된다. 따라서 우주 중력이 어느 임계 값 이상이면, 언젠가는 중력이 팽창 관성을 극복하게 되어 우주는 도로 수축을 시작하게 될 것이다. 그러나 그 반대로, 중력이 임계 값 이하이면 우주는 영원히 팽창할 수밖에 없다고 한다.

어느 물체의 중력을 결정하는 것은 질량이며, 질량은 평균 밀도로써 계산해 낼 수 있다. 그러므로 우주에 있어서 1입방센티미터당 평균 질량, 즉 평균 밀도를 알 수 있으면 우주 중력을 계산할 수 있고, 따라서 우리는 우주의 운명을 예측하는 것이 가능하게 된다.

그런데 우주의 밝은 물질, 즉 은하들의 질량만을 고려할 때 우주의 평균 밀도는 팽창을 저지하기 위해 필요한 밀도의 약 30분의 1밖에 되지 않는다고 한다. 그러므로 우주에 존재하는 물질이 우리들이 관측할 수 있는 물질, 즉 밝은 물질뿐이라면 우주는 영원히 팽창할 운명에 놓여 있다고 말할 수 있을 것이다.

그러나 우주 공간에는 뉴트리노(neutrino)라는 소립자로 이루어진 암흑 물질이 가득 차 있다고 알려져 있다. 이 암흑 물질의 밀도는 밝은 물질의 수십 배나 되어 그 전체 질량은 우주의 팽창을 저지하기에 충분할 것이라고 평가되고 있다. 그렇다면 우주는 미래의 어느 때에 팽창을 멈추고 다시 수축하기 시작할 것이라고 예상된다.

한편, 우주의 운동이 팽창에서 수축으로 전환하게 되면, 시간 또한 거꾸로 과거를 향해 흐르게 될 것이라는 이론이 진지하게 제기되어 있기도 하다. 즉, 우리는 무덤에서 태어나 어머니의 자궁 속에서 사망하는 기묘한 세계에 살게 된다는 것이다. 이런 공상은 우리가 앞으로 우주의 진정한 실체를 이해하게 되었을 때 과거의 무지했던 시절을 돌이켜보며 할 수 있는 재미있는 이야깃거리가 될 것이다.

 이상에서 우주의 미래 운명에 관한 과학계의 심각한 논의를 대강 살펴 보았는데, 만약에 우주의 구조가 이미 해체 단계에 들어섰다고 한다면 이와 같은 논의는 사실 필요 없을 것이다. 우주 팽창에 따라 은하들의 간격이 벌어지면서 진행되는 우주 구조의 해체는 은하들의 영원한 분산을 의미한다. 그러므로 비록 암흑 물질이 있다고 하더라도 우주의 재수축은 일어나지 않을 것이라고 예측할 수 있다.
 과연 과학자들은 팽창이냐 수축이냐 하는 우주의 운명에 대한 논의를 중단하고 이 예측을 수용할 수 있을 것인가?

 우주 역사의 길이 150억 년의 타당성에 대해 필자가 제기한 의문에 공감하지 않는 사람들은 그렇다 치고, 현실적인 문제로서, 국부 은하군의 공전 주기는 300억 년이 아니라 600억 년이라고 하는 것이 더 정확할 것이다. 그 까닭은 다음과 같다.
 은하들의 이동 속도는 우리로부터 얼마나 빨리 멀어지는가 혹은 가까워지는가로 표현된다. 안드로메다 은하의 직선 접근 속도인 초속 50km는 우리 은하계가 정지해 있는 상태를 기준으로 한 것이다. 왜냐하면 우리 자신이 은하계 내부에 있으므로 은하계 자체가 이동하는 속도는 계산해 낼 수가 없기 때문이다. 우리 은하계도 역시 국부은하군의 중력 중심 주위를 공전하면서 안드로메다 은하 쪽으로 이동하고 있을 것이다.

그러므로 이 속도에는 우리 은하계 자체가 안드로메다 은하 쪽으로 접근하는 속도가 포함되어 있다고 보아야 한다. 결과적으로, 안드로메다 은하의 진정한 직선 접근 속도는 초속 50km의 절반인 25km라고 할 수 있으니, 그 공전 주기는 마땅히 300억년의 2배인 600억 년이 되어야 하는 것이다.

빅뱅 이론의 핵심은 우주 탄생 후 150억 년이라는 경과 시간이라고 할 수 있다. 이 시간에 의문이 제기된다면 빅뱅 이론도 자체 점검을 해 보지 않을 수 없을 것이다. 이제 필자는 빅뱅 이론을 향해 의심의 화살을 날렸으며, 지금부터 이 책에서 필자 나름의 새로운 우주관을 제시하고자 한다.

그렇지만 빅뱅의 방패는 여전히 튼튼하다. 만약 빅뱅 이론이 옳지 않다면, 은하들이 모두 멀어지는 현상은 어떻게 설명해야 하는가? 또 대폭발에 의해 발생한 것으로 인정되고 있는 우주배경복사는 어떻게 설명해야 하는가?

이러한 물음들에 대한 필자 나름의 해석도 준비되어 있지만, 아직은 이야기할 순서가 아니다. 이 책에서 앞으로 필자의 새로운 우주관을 모두 피력한 다음에 그에 대한 해석을 제시할 것이다.

제2장
우주의 실체

- 거인 세계, 소인 세계
- 외로운 사람들
- 바다 이야기
- 경전에 담긴 비밀
- 무한의 종교
- 무한 우주의 구조
- 프랙탈(Fractal)의 세계
- 부처의 키
- 비례의 법칙
- 큰 것과 작은 것

우주는 무한하며 시작도 끝도 없다. 우리가 보는 우주는 어떤 거대한 생명체의 일부이며, 마찬가지로 우리 몸속에도 아주 작은 생명체들이 살고 있는 작은 우주들이 무수히 있다. 우주는 무한할 뿐만 아니라 위로도 아래로도 무한히 연결된다. 위에 있는 것은 아래에도 있는 것이다.

거인 세계, 소인 세계

이제 빅뱅 우주론에 강한 의문이 제기되었으니 우주에 관해 새로운 방법으로 접근해 볼 수 있는 여지가 마련되었다고 볼 수 있다.

필자가 생각하는 새로운 우주의 모습은 사실은 새롭다고 할 것도 없다. 이 생각은 사람들의 꿈속에 언제나 있어 왔던 것이다. 즉, 필자와 같은 많은 사람들이 어릴 때부터 막연하게 꿈꾸어 오던 것, 바로 거인(巨人)의 꿈, 그리고 또 소인(小人)의 꿈이다.

월간 조선(1994년 3월호)에 신(新)우주론을 처음 발표한 뒤 필자는 많은 사람들과 우주에 관해 이야기를 나누어 보았는데, 그렇게 많은 사람들이 필자와 같은 꿈을 꾸어 왔다는 것이 한편으로 신기하게 여겨졌다.

왜 우리는 같은 꿈을 꾸고 있었을까? 교육의 영향일까? 아니면 우리는 모두 은연중에 우주의 실체를 직관으로 이해하고 있는 것일까?

필자는 어릴 때부터 거인의 꿈을 꾸어 왔다. 그것도 아주 큰 거인에 관해서이다. 이 거인은 너무나 크기 때문에 우리 눈에는 보이지도 않는다. 하늘의 모든 별들조차도 거인이 벌리고 서 있는 다리 사이의 까마득한 아래쪽에 있기 때문에 우리 눈은 거인의 모습에 도저히 미칠 수 없다. 그러나 나는 생생하게 느낀다. 그 거인이 존재하고 있음을.

또, 이런 소인의 꿈도 꾸어 왔다. 아주 작은 사람들의 세계가 있다. 먼지보다도 작은, 흡사 빛의 알갱이같이 작은 사람들 - 그들은 나의 몸 속으로 자유로이 드나들고, 나의 눈앞에 행렬을 지어 지나가기도 한다. 아주 작고 빠른 비행접시 같은 것을 타고 온 방 안을 날아다니기도 한다. 너무나 작아 눈에 보이지는 않지만, 나는 그들이 함께 있음을 생생하게 느낀다.

다른 사람들의 꿈이 구체적으로 어떤 내용인지는 잘 모르되, 필자가 꾸던 꿈과 비슷한 것으로 이해하고 있다. 필자가 새로운 우주론을 연구하는 데 이 꿈이 참고가 된 것은 아니지만, 신(新)우주론을 구상할 때부터 꿈의 내용과 너무나 흡사하여 내심 놀라기도 했다.

외로운 사람들

 우주론을 논함에 있어서 종교의 교리를 끌어 올 필요는 없다. 우주는 현실이고 우주론은 과학이므로 종교적 통찰을 빌리지 않더라도 훌륭히 논할 수 있다. 그러나 종교의 경전들에는 우리가 통상적으로 기대하는 것 이상의 높은 가치가 담겨 있다. 그 속에는 인간이 발휘해야 마땅한 최고선(最高善)에 기준을 둔 행동 강령과, 아울러 인간의 현실 생활과는 무관한 듯 고고하면서도 난해한 우주관이 담겨져 있다.
 종교적 이상은 현실의 인간이 추구해야 할 가장 높은 가치이다. 왜냐하면, 그것은 인간을 필멸(必滅)의 현실 세계로부터 불멸(不滅)의 세계로 인도하는 길잡이이기 때문이다. 현실의 종교에서는 여러 가지 편리한 구원의 방법을 갖추어 놓고 신자들을 안심시키지만, 경전을 잘 읽어 보면 구원이라는 것이 결코 쉽게 얻어지는 것이 아님을 알 수 있다. 불멸의 세계에 발을 들여 놓기 위해서는, 우선 종교적 덕목들을 훌륭히 실행하여 현실 세계에 거주하고 있는 동안 높은 점수를 받지 않으면 안 된다. 현실 세계의 성적이 수준 이하인 사람이 구원을 기대하는 것은 파렴치한 태도이다.

종교에서 요구하는 덕목들은 일견 평범해 보이지만, 실은 육체를 지닌 인간이 본능적으로 추구하는 행위에 제동을 거는 것들이어서 보통 사람들로서는 여간해서 다 따를 수가 없다. 하기야 누구나 다 쉽게 행할 수 있는 것이라면 종교적 기준으로서 적합하지 않을지도 모른다. 이처럼 종교에서 제시하는 기준은 매우 높다.

종교가 담고 있는 우주관 또한 단순한 듯하면서도 사실은 이해하기가 매우 어렵다. 일반 사람들이 종교적 우주관을 분석하여 모두 이해하기는 결코 쉬운 일이 아니다. 대개의 사람들은 경전에 쓰인 내용의 참다운 의미를 해석하려고 애쓰기보다는 피상적인 줄거리를 그냥 믿고 외우며 만족해버린다.

그러나 그렇게 끝내 버릴 수 없는 사람들이 있다. 그들은 스스로 파헤쳐서 모든 것을 다 알지 못하면 결코 만족할 수 없는 사람들이다. 그들이 운명적으로 밟게 되는 길은 수도자(**修道者**)의 길이다. 이 길에 나서기란 쉬운 일이 아니다. 소수의 사람들만이 일생의 결단을 내려 이 길을 택한다. 더 많은 사람들은 현실 세계에서 우주에 대해 고뇌하며 일생을 외롭게 살아간다.

필자는 지금 '외롭다'는 표현을 사용했는데, 사실 우주의 철리를 추구하는 사람들은 수도자이건 비(**非**)수도자이건 모두 외로움을 느낀다. 거대한 우주는 무한의 시공(**時空**) 속에서 그 입을 굳게 다물고 있는데, 미약한 인간의 존재로서 그 문을 두드리고 있노라면 외로움을 느끼지 않을 수 없다.

  수도자의 길을 밟는다고 해서 모든 사람이 다 우주의 철리를 깨치는 것은 아니다. 수십 년 동안 고통스러운 수도를 하더라도 대부분의 사람들은 깨치지 못한다. 인류 역사상 진정으로 깨친 사람은 과연 몇 명이나 되겠는가? 그 수는 결코 많지 않을 것이다.

바다 이야기

 여기서 잠시 화제를 바다 쪽으로 돌리는 데 대해 독자 여러분의 양해를 구하고자 한다.
 바다 이야기는 이 책의 주제와 직접 관련은 없지만, 월간 조선에 게재된 필자의 에세이를 읽은 많은 분들이 그 내용을 한 권의 책으로 써보라고 필자에게 권유하면서 아울러 바다에 얽힌 필자의 사연도 책 속에 포함시켜 줄 것을 희망했다. 필자 역시 20여 년의 젊음을 바다에 바친 해양인으로서 바다 이야기를 마다할 까닭이 없는 바, 글의 흐름상 여기쯤에서 하는 것이 적당하리라고 생각된다.

 필자가 고등학교 졸업반 때 주위의 기대를 저버리고 바다를 택한 것은, 바다의 이미지에서 수도자의 수련 장소로 적합함을 느꼈기 때문이었다.
 인간 존재의 의미와 우주에 관한 깊은 고뇌에 빠져 있던 필자는 수도승이 되는 것도 진지하게 고려하고 있었다. 그러나 특정 종교에 귀의하는 것이 올바른 선택일지 망설여졌다. 각 종교는 모두 훌

륭한 원리를 담고 있다. 종교가 우주의 모든 의문에 해답을 주고 있다면, 여러 종교들의 우주관은 모두 같지 않으면 안 된다. 그러나 현실은 그렇지 않다. 왜일까? 그것은 어느 종교도 우주의 모든 것에 대한 완전한 해답을 담고 있지 않기 때문이리라. 그렇다면 특정 종교에 귀의할 경우 진리의 한쪽 면만을 보게 되어 편견에 빠질 우려가 있을 것이라고 필자는 생각했다.

어떻게 해야 하나? 특정 종교를 택하지 않는다면 일생을 세속에서 사람들 틈에 부대끼며 외롭게 살아갈 수밖에 없을 것이라는 생각이 들었지만, 그래도 무언가 돌파구를 찾아보려고 고심하던 차였다. 그러던 중, 마침 부산에서 전근 오신 영어 선생님으로부터 우연히 바다와 해양대학에 관한 이야기를 듣게 되었는데, 그 순간 필자는 머리에 천둥이 '쾅!' 하고 떨어지는 듯한 충격을 느끼며 그 자리에서 인생의 진로를 결정했다.

동양과 서양을 가리지 않고 수도자들은 외진 곳을 찾는다. 그것은 다른 사람들로부터, 그리고 세속의 생활로부터 수도 생활을 방해 받고 싶지 않기 때문이다. 그 대표적인 장소가 산이다. 그러나 산 또한 번잡한 자연의 복합체가 아닌가?

그에 비해 바다는 그야말로 이상적인 곳이리라. 땅의 번잡함이 전혀 없는 곳, 하늘을 가리는 것은 그 무엇도 없는 곳 – 필자가 그곳을 택하는 데에는 촌각의 주저도 없었다.

바다는 지구 표면의 70% 이상을 차지하고 있어, 항해를 계속하다 보면 우리가 사는 지구에 대해 많은 것을 배우게 된다. 그러나 바다에서 배우게 되는 것이 비단 지리뿐만은 아니다. 인간 존재의 무거움도 절절하게 배울 수 있다.

사람이 노쇠하여 자연사하거나 병으로 고생하다가 죽을 때에는, 대개의 사람들은 죽음을 앞두고 삶에의 열정을 거의 상실한 상태여서 자신의 죽음을 체념적으로 받아들이게 된다. 그러나 청춘의 열기가 한창인 나이에 사고로 인해 죽음을 맞을 때는 이와 다르다. 이 경우 사람들은 다가오는 죽음의 위협과 대결하며, 이를 벗어나기 위해 최선을 다하게 된다.

여러 가지 유형의 사고사(事故死)가 있겠지만, 교통 기관에 의한 사고사라면 크게 세 가지로 분류할 수 있다. 첫째, 땅에서 자동차 사고로 인한 죽음, 둘째, 하늘에서 비행기 추락으로 인한 죽음, 셋째, 바다에서 선박 침몰로 인한 죽음이 그 세 가지이다.

대부분의 자동차 사고와 비행기 사고의 경우, 그 사고와 죽음과의 시간 간격은 매우 짧다. 많은 경우, 사람들은 자신이 죽는 순간을 알지도 못하고 최후를 맞는다. 고통을 느낄 틈도 없이 순식간에 당하는 죽음을 행복한 죽음이라고 생각하는 사람들도 있지만, 필자의 생각은 다르다.

인간이 자신과 우주의 존재를 인식할 수 있는 것은 생명이 있기 때문이다. 전생이나 사후의 문제에 대한 논의는 별도로 하고, 실존적인 의미에서만 생각해 볼 때, 현재의 나 자신이 무엇을 인식하는 것은 생명 작용이다. 생명 작용이 끝날 때 그 순간을 명료하게 인식하며 경험하는 것은 인간 존재의 마지막을 장식하는 행위로서 매우 중요한 의미를 지닌다는 것이 필자의 생각이다.

선박 사고는 충돌, 폭발, 침몰 등 여러 가지 유형이 있으나, 그 중 가장 많은 인명 피해를 내는 것은 침몰 사고이다. 선박 침몰은 대부분 악천후 속에서 발생한다.

악천후의 대표적인 것으로 태풍을 들 수 있다. 태풍은 주로 여름철에 발생하고 그 파괴력이 집중적이어서 육·해상에 걸쳐 큰 피해를 준다. 그러나 여름철 태풍보다 항해자들을 더 괴롭히는 것은 겨울철 대양 한가운데에서 크게 발달하는 저기압이다. 태풍은 그 세력이 집중적이고, 또 일반적으로 빨리 통과해 간다. 그러므로 태풍의 진로를 잘 살피고 적절히 피항하면 별 피해 없이 항해를 계속할 수 있다. 반면, 강력한 저기압이 맹위를 떨치는 겨울철 북태평양 항해는 항로 전 구간이 모험의 연속이다.

겨울철에 주로 대륙에서 발생한 저기압은 한국과 일본 열도를 거쳐 북태평양으로 진출하면서 그 세력을 키워 폭풍으로 성장한다. 태풍권이 수백 킬로미터인 데 비해 이런 폭풍권은 수천 킬로미터에 달하므로 어디 마땅히 피항할 곳도 없다. 겨울철 폭풍이 위험하기는 하지만, 그러나 이를 두려워하여 피하기만 한다면 아예 항해 자체가 불가능해질 수도 있다. 항해를 성취하기 위해서는 최선의 조종술을 발휘하여 폭풍을 뚫고 지나가야 할 때가 빈번하다. 많은 선박들이 이와 같은 태풍, 폭풍 등의 악천후를 만나 침몰하고, 때로는 전 승무원들이 목숨을 잃기도 한다.

바다에서의 사고는 하늘과 땅에서의 경우와는 달리 그 과정이 천천히 진행된다. 선박은 부력으로 물 위에 떠 있는 물체이므로, 선박이 침몰하려면 먼저 침수되어 부력이 상실되어야 한다. 침수는 천천히 진행될 수도 있고 빨리 진행될 수도 있지만, 어느 경우에도 항해자들은 침수가 진행되고 있다는 사실을 알 수 있다. 항해자들은 침몰의 순간이 올 때까지 삶과 죽음의 경계선에서 극한의 투쟁을 계속한다.

이 과정에서 항해자들의 가슴 속에 활짝 피어나는 것은 생명의 무거움, 존재의 소중함에 대한 인식이다. 그들이 비록 생명을 잃는다 하더라도, 그들은 실존의 극한을 체험하며 장렬한 최후를 맞는 것이다.

필자도 20여 년 동안 해상 생활을 했으므로 극한 상황에 빠졌던 경험이 없을 수 없다. 다행히 필자는 생존했지만, 그 당시를 회상하면 지금도 비장한 기분이 든다. 아니, 그 때의 경험은 필자의 존재의 일부가 되어 가슴 속 깊이 녹아있다는 것이 더 적절한 표현일 것이다.

1979년 1월 초순, 필자가 선장으로 승진한 지 얼마 지나지 않았을 때의 일이다. 북미 서해안에서 일본 북해도에 이르는 북태평양 횡단 항해 – 강력한 저기압이 지배하는 해역을 뚫고 가야하는 가장 어려운 항해를 하게 되었다.

필자가 승선하던 배들은 모두 길이가 150미터 내지 300미터에 이르는 대형선들이었는데, 아무리 큰 배라 하더라도 악천후 속에서는 여간 조심하지 않으면 위험한 지경에 빠지게 된다. 그때 승선하고 있던 배도 길이 200미터 정도의 대형 선박이었지만, 불운하게도 거대한 파도에 일격을 당하여 선수부(船首部)와 1번 선창이 파괴되어 버린 사고에 휘말리게 되었다.

배의 앞쪽은 침수되어 물에 잠겨 버리고, 반대로 뒤쪽은 수면 위로 치켜 올려짐에 따라 스크류가 물 밖으로 반쯤 드러나게 되어, 설상가상으로 배의 조종이 몹시 어려워졌다.

그야말로 산더미 같은 파도는 연신 덮쳐 오는데, 언제 침몰할지 모르는 배 위에서 선장인 필자가 택할 수 있는 수단은 별로 없었다. 미친 듯이 날뛰는 파도 위에 구명정을 띄우는 것은 현명한 선택이 되지 못한다. 눈보라 휘몰아치는 차가운 영하의 대기에서 파도를 뒤집어쓰면, 파도에 휩쓸려 가지 않는다 하더라도 급격히 체온을 상실하여 얼마를 버틸 수가 없다.

당시의 상황으로는 외부의 구조도 기대할 수 없었다. 육지와 너무 멀리 떨어져 있어 구조 헬리콥터를 보낼 수 없다는 통보를 연안경비대로부터 받았다. 설혹 헬리콥터의 순항거리 이내라 하더라도, 워낙 기상이 나빠 헬리콥터가 필자의 배로 접근하는 것은 불가능했을 것이다.

그런 상황에서는 최선의 조종술을 발휘하여 더 이상의 침수를 방지하고 선박이 전복되지 않도록 노력하는 수밖에 없었다. 그러나 생존 확률은 극히 희박했다. 무사히 생환한 후에 들은 이야기지만, 구조 관련 기관과 회사에서는 필자의 선박이 생환할 확률을 1% 미만으로 잡고 있었다. 상황은 최악이었다. 그렇지만 전 승무원들은 단결하여 생존을 위한 극한의 투쟁을 시작했다.

선장이란 참으로 외로운 직업이다. 항구를 떠나 바다 한가운데로 나서면 항해의 안전은 전적으로 선장의 판단에 좌우된다. 모든 정보를 종합하여 선장이 최종 명령을 내릴 때에는 누구도 그것을 거역하지 못한다. 선박은 해상에 격리되어 있기 때문에, 항해의 성공을 이루기 위해서는 선내의 엄격한 지휘 체계가 요구된다. 이런 관계로 선장에게는 막강한 권한이 법률적으로 부여되는데, 이를 선박권력이라고도 부른다.

일반 선원들은 강력한 지휘권을 지닌 선장에 대해 자기도 모르게 일종의 두려움을 느끼고 가까이 접근하기를 어려워한다. 선장 스스로도 자신의 위치를 확보하고 선박을 효과적으로 통제하기 위해서는 일반 선원들과 어느 정도의 거리를 유지할 수밖에 없다. 선장이란 육상과 멀리 격리된 해상 생활 중에서 다시 한번 다른 승무원들에게서 격리되는 외로운 직업인 것이다.

선장이 제일 외로움을 느끼는 때가 바로 필자가 당한 해난 사고의 경우에서와 같이 어려운 결정을 내려야만 할 때이다. 누구에게 물어 볼 수도 없고, 그 누구도 선장에게 지시하지 않는다. 해상에서의 최종 결정은 선장이 짊어지는 짐이며, 선박과 승무원들의 운명은 오로지 선장의 판단에 달려 있다.

  선장은 두려워할 수도 우는 모습을 보일 수도 없다. 선원들은 서로 불안을 달래며 술이라도 한잔 마실 수 있지만, 선장은 속마음이야 어떻든 밖으로 불안한 모습을 보여서는 안 된다. 선장의 태도가 허물어지면, 그때부터 선박은 통제 불능 상태에 빠지고 파국으로 치닫게 된다. 그러므로 선장은 태연을 가장하고, 자기의 조종술로써 선박과 승무원들을 구할 자신이 있다는 신뢰감을 부하 선원들에게 보여 주어야만 한다. 그러는 한, 선원들은 선장을 믿고 그의 명령에 충실히 복종한다.

  칠흑 같이 어두운 바다에서 점차 가라앉고 있는 배 위로 연이어 거칠게 덮쳐 오는 산더미 같은 파도 – 시시각각 엄습하는 죽음의 공포 앞에서 필자가 두려워하지 않은 것은 결코 아니다. 아니, 두려움 때문에 두 다리가 덜덜 떨려서 자세를 가누기가 힘들 지경이었다. 혹시나 누가 눈치챌까 봐 두 팔로 창턱을 꽉 누르고 버티고 서서 아랫배에 힘을 잔뜩 주어 보았지만, 떨리는 다리를 멈출 수가 없었다.

  울지 않은 것도 아니다. 그러나 우는 모습을 선원들에게 보여서는 절대로 안 된다. 용변을 보기 위해 잠시 선교를 떠나 침실로 내려왔을 때, 청소 담당 선원이 갈아 놓은 유달리 새하얀 침대 시트 위에 옆으로 웅크리고 누워 울었다. 몹시 울었다.

  필자는 성격상 여간해선 눈물을 흘리지 않는다. 그러나 이제 29

세의 청춘으로 삶의 끝을 맺을지도 모른다는 생각을 하니 눈물이 나오는 것을 어찌할 수가 없었다. 생명의 소중함, 존재의 무거움 – 필자는 얼마 남지 않은 시간의 흐름 속으로 사라져가는 매 순간마다 실존의 들끓는 절규를 온몸으로 느끼고 있었다.

6일 동안 선교에서 거의 꼬박 새다시피하며 시시각각 변하는 상황에 따라 최선의 선택을 한 덕분인지, 필자의 배는 처참한 모습을 한 채, 그러나 극적으로 한 사람의 부상자도 없이 원래의 목적지에 입항할 수 있었다.

입항하던 날, 넬슨 제독이었다 하더라도 그와 같은 항해술을 발휘할 수 없었을 것이라던 회사 사장님의 과장된 칭찬보다, 필자의 선택과 용기에 대한 많은 사람들의 격려보다, 방문객들이 모두 떠난 뒤 늦은 저녁에 혼자 상륙하여 외진 가게에 들어가 뜨거운 국물에 곁들여 든 한 잔의 따뜻한 정종만큼 필자를 감동시킨 것은 없었다. 어떤 사상도 관념도 그 감동에는 미칠 수 없었다. 그것은 바로 살아 있음에 대한 감동이었다.

이런 이야기를 들으면 해상 생활은 아주 위험하다고 생각할 독자도 있겠지만, 사실 선박은 다른 어느 수송 수단보다도 안전하다. 특히, 근래의 대형 선박들은 최신 전자 장비들을 갖추고 있어서 발생 가능한 위험을 사전에 예기하여 잘 대처할 수 있으며, 선체는 대양의 어떤 파도에라도 견딜 수 있도록 설계 제작되고 있다. 게다가 충분한 교육과 경험을 쌓은 선장과 항해사들이 엄격한 규율 아래 최선의 조종술로써 운항하므로 사고의 위험성은 아주 작다.

그러나 불의의 사고란 어디에나 있는 것이어서 간혹 해난 사고가 발생하기도 하지만, 육·해·공의 모든 교통 수단 중에서 사고 발생 가능성으로 따져 보면, 해상 운송 수단, 특히 대형 선박의 사고는 그 발생률이 가장 낮은 편이라고 할 수 있다. 다만 선박 사고는 인명 피해뿐 아니라 재산상의 피해가 막대하기 때문에, 어쩌다 한 번씩 일어나는 사고가 크게 보도됨으로써 사람들에게 깊은 인상을 심어 주는 경향이 있다.

필자는 바다 그 자체를 사랑한다. 간혹 사나운 이빨을 드러내고 날뛰기는 하지만, 바다는 본질적으로 무척 아름다운 곳이다. 바다가 연출하는 환상적인 아름다움을 필설로써는 다 표현할 수가 없다.

인생에 있어서 무언가 색다른 묘미를 맛보고자 하는 사람이라면 바다로 가라. 삶의 의미에 회의하거나 무한 우주의 본질에 대해 고뇌하는 사람도 바다로 가라. 바다는 자아를 일깨우고, 우주를 그대 두 눈 바로 앞에 끌어다 줄 것이며, 그대의 시선은 밝아진 이성(理性)으로 인해 무한 우주의 구석구석까지 미칠 것이다.

경전에 담긴 비밀

 필자가 현대 우주론의 유한성에 깊은 의문을 품고 우주의 무한성에 대해 본격적으로 탐구하기 시작한 것은 1989년 봄부터의 일이다. 그런데 신(新)우주론의 결정적 단서를 제공한 것은 아이러니컬하게도 고대에 씌어진 불교 경전이었다.

 필자는 특정 종교의 신자는 아니었지만, 종교 경전이 갖는 역사성과 그 생명력은 인정하고 여러 종교의 경전들을 즐겨 읽었다. 종교에서의 화두(話頭)는 필자의 삶에 있어서도 화두였다.

 고대에 씌어진 경전을 현대에 살고 있는 우리들이 올바르게 이해하기 위해서는 양 시대의 시간적인 간격만큼 상이한 물질관, 우주관 등을 고려하지 않으면 안 된다. 경전 속에는 옛 성인들이 인류에게 전하고자 한 진리가 담겨 있지만, 현대인들이 그 진정한 의미를 파악하기는 결코 쉽지 않은 것이다.

 진리란 반드시 객관성을 갖추어야 한다. 어떤 사람들에게는 진리가 되지만 다른 사람들에게는 진리가 아니라면, 그것은 진리라고 말할 수 없다.

인간 사회에는 여러 가지 종교가 있지만, 각 종교는 자기의 교리만이 진리이며 우주의 모든 문제에 대한 해답이라고 주장한다. 종교의 가르침이 정말로 진리라면, 모든 종교의 기본 교리는 동일하지 않으면 안 된다. 그러나 각 종교의 교리는 서로 다르다. 그것은 과거의 기록을 해석하는 방법에 오류가 있거나, 혹은 각 종교의 경전은 진리의 일부만을 담고 있기 때문이라고 생각할 수 있다. 그러므로 우리가 종교의 경전 속에서 성인이 가르치고자 한 참뜻을 이해하기 위해서는, 가능한 한 선입견이나 독단을 피하고 객관적인 시각으로 접근하지 않으면 안 된다.

필자가 종교 경전을 읽을 때에는 그 자구 하나하나에 신경을 쓰기보다 전체의 줄거리를 파악하고 그것이 전달하고자 하는 참뜻을 이해하려고 애쓴다. 어차피 경전들은 수천 년 전에 씌어진 것이다. 수천 년 전 고대인들의 지식 수준이 어느 정도였는가를 알기 위해 그 당시까지 거슬러 가 볼 필요까지는 없다. 불과 두어 세대 전의 우리 할아버지, 할머니들을 생각해 보는 것만으로도 족하다. 수천 년 전의 기록은 수천 년 전의 시각에서 보아야만 그것의 참다운 의미를 알 수가 있는 것이다.

종교에 관한 이 모든 사념에도 불구하고 한 가지 분명한 사실은, 그 옛날 성인들이 인류에게 전하고자 한 진실이 경전 속에 살아 있다는 것이다. 필자는 그 감추어진 진실의 숨 소리를 듣고 싶었지만, 문자 그대로 온 세상을 떠돌며 탐구해 보아도 진실에 도달하기란 참으로 요원한 것 같았다.

1989년 4월 초순, 휴가를 즐기고 있던 필자는 우연히 서점에 들렀다가 라엘(Claude Vorilhon RAEL; 1946~)이 쓴 '우주인의 메시지'를 집어들게 되었다. 필자는 그날밤을 꼬박 새며 그 책을 다 읽고, 아침에 라엘리안 무브먼트(www.rael.org) 한국 지부에 전화를 걸어 회원으로 가입하겠다고 말했다.

라엘이 우주인 엘로힘으로부터 구술받은 메시지의 가장 중요한 포인트는, 인간을 비롯한 지구상의 모든 생명체는 신에 의한 창조나 우연한 진화의 산물이 아니라 외계 행성에서 온 과학자들에 의해 과학적으로 창조되었다는 것이다. 무한한 우주 속에 하필 지구에만 생명이 존재할 이유가 없다고 생각하고 있던 필자에게 라엘의 메시지는 아주 쉽게 이해되었다.

그런데 라엘의 책에서 특별히 필자의 관심을 끈 것은 엘로힘의 우주관이었다. 우주인 엘로힘은 우주에 관해 이렇게 말하고 있다.

"우주는 무한하며 시작도 끝도 없다. 우리가 보는 우주는 어떤 거대한 생명체의 일부이며, 마찬가지로 우리 몸속에도 아주 작은 생명체들이 살고 있는 작은 우주들이 무수히 있다. 우주는 무한할 뿐만 아니라 위로도 아래로도 무한히 연결된다. 위에 있는 것은 아래에도 있는 것이다."

그러나 이런 우주관은 라엘이 처음 제시한 것이 아니라 불교 등

동양사상에서 수천년 전부터 말해오고 있는 것으로서 필자에게도 친숙한 개념이었다. 필자는 석가모니도 엘로힘의 메신저였다는 라엘의 언급에 주목했다. 석가모니가 엘로힘의 메신저였다면 그는 엘로힘으로부터 우주의 무한성에 관한 구체적인 지식을 받았을 것이며, 그것은 불교 경전 속에 기록되어 있을지도 모른다.

필자가 읽어 보았던 수많은 불교 경전들 중에서 순간적으로 머리에 떠오른 것은 관무량수경(觀無量壽經)이었다. 필자는 관무량수경을 펼치고 주의깊게 다시 읽어 나갔다.

무량수불(無量壽佛)이란 아미타불을 뜻하고, 아미타불은 불교에서 가장 고귀한 부처이다. 불교의 경전에서 '부처'란 단어가 무엇을 표상(表象)하는가에 대해서는 여러 가지 견해가 있을 수 있다. 어떤 사람들은 부처는 곧 우주를 의미한다고 해석한다. 필자도 이 견해를 지지한다.

부처가 우주를 표상한다면, '관무량수경'이라는 경전은 그 제목 자체부터 깊은 뜻을 간직하고 있는 것 같다. 관(觀)무량수불이란 바로 불교 최고의 부처, 즉 우주의 극의(極意)를 본다는 뜻이 아니겠는가?

관무량수경을 찬찬히 음미하면서 읽던 필자는 제9절, 10절 및 11절에 연속적으로 부처의 신장에 대해 언급하고 있는 점에 주목하게 되었다. 이 세 절에는 아미타불과 관세음보살, 그리고 대세지보살을 관조(觀照)하는 법과 그 신장, 형상 등이 기록되어 있는데, 이 세 부처의 신장에 대해 기술하고 있는 부분을 옮겨 적어 보자.

> 제9절 진신관(眞身觀): 無量壽佛…
> 　　　　　　　　　　佛身高六十萬億那由他恒河沙由旬…
> 제10절 관음관(觀音觀): 觀世音菩薩…
> 　　　　　　　　　　身長八十萬億那由他由旬…
> 제11절 세지관(勢至觀): 大勢至菩薩…
> 　　　　　　　　　　身量大小亦如觀世音…

이 뜻을 풀이하면, "아미타불(무량수불)의 신장은 60만억 나유타 항하사 유순이고, 관세음보살의 신장은 80만억 나유타 유순이며, 대세지보살의 신장은 관세음보살과 같다"라는 내용이다.

이 대목은 우주의 비밀을 담고 있다. 이제 그 비밀을 풀기 전에 불교의 우주관에 대해 한번 고찰해 보기로 하자.

무한의 종교

인류 사회에는 동서고금을 통해 여러 종교가 있어 왔지만, 종교마다 그 추구하는 가치는 조금씩 다르다.

유태교가 그 뿌리이며 주로 서구 사회의 대표적 종교인 기독교는 신과 인간과의 관계를 그 주제로 하고 있다. 신은 우주와 인간을 창조했으므로, 인간은 당연히 신에 감사하고 신이 내린 율법에 따라야 한다. 그러나 인간은 다른 동물들과는 달리 자아를 인식할 수 있어 끊임없이 신의 그늘에서 벗어나려 한다. 신은 인간을 사랑하므로, 직접 자신의 권능을 나타내든가 혹은 예언자를 파견하는 등 그들을 바른 길로 계도하기 위해 항상 애쓴다. 유태교와 기독교의 경전들은 신이 내린 율법과 함께 천지창조 이후 신과 인간들 사이에 일어난 이야기들을 주로 다루고 있다.

불교의 주제는 우주의 원리이다. 불교의 경전은 그 수가 방대하고 석가모니의 가르침은 인간이 안고 있는 모든 문제에 걸쳐 있지만, 그의 궁극적인 의도는 우주의 원리를 밝히고자 함이다. 수많은 불교의 경전들은 대중들로 하여금 우주의 철리에 이르는 소양을 갖추도록 하기 위한 방편(方便)으로 설(說)해진 것이다. 석가모니의 핵심적인 가르침은 몇 권의 대승경전(大乘經典)들에 담겨져 있다.

석가모니는 우주에 대해 가르쳤지만, 그의 말을 듣고 누구나 다 이해할 수 있는 것은 아니다. 우주의 원리는 오직 스스로 깨달음으로써 이해할 수 있을 뿐이다.

기독교든 불교든 종교가 추구하는 가치는 고귀하며, 그 주제는 인생과 우주에 관한 극히 본질적인 것이다. 그러므로 종교적 이상을 따르기 위해서는 깊은 자기 성찰과 구도(求道)를 위한 끊임없는 노력이 필요하다. 종교가 추구하는 본질을 사람들이 이해하지 못할 때 종교는 기복신앙화 되며, '성인이 가리키는 달은 보지 않고 그 손가락만 쳐다보는' 우(愚)를 범하게 된다.

불교는 무(無)의 종교라고 한다.

무란 그냥 '없다'는 의미보다는, 무한(無限) 속에서 모든 사상(事象)은 무일 수밖에 없다고 해석한다. 그러므로 불교는 무한의 종교라는 것이 더 정확한 표현일 것이다. 우주가 무한하다면 존재하는 어떤 것도 무나 마찬가지이다. 그러므로 대승경전에서 석가모니 가르침의 포인트는 우주의 무한성에 집중되어 있다. 우주의 무한성을 체득하게 되면 스스로 무한의 존재, 즉 부처가 되는 것이다.

무한의 종교라는 별칭에 걸맞게 불교는 그 경전의 스케일이 웅대하다. 불교 경전에서는 공간과 시간의 크기를 현실 감각으로서는 여간해서 이해하기 어려운 엄청난 수를 사용해 표현한다. 대승경전의 대표격인 법화경(法華經)에서 한 대목을 인용해 보자.

　[그때, 세존께서 여러 보살들이 세 번이나 청하여 그치지 않을 것을 아시고 말씀하시었다. "너희들은 여래(如來)의 비밀한 신통의 힘을 자세히 들으라. 온갖 세간의 하늘, 사람, 아수라들은 석가모니불께서 석씨의 궁전을 나와 가야성에서 멀지 않은 도량에 앉아 아뇩다라삼먁삼보리(부처님께서 깨달은 최상의 진리)를 얻었다고 다 생각하고 있으나, 선남자들아 내가 성불한 지는 실로 한량없고, 가이없는 백천만억의 나유타 겁(劫)이니라. 비유하면, 5백천만억 나유타 아승기의 3천 대천 세계를, 가령 어떤 사람이 부수어 가는 티끌로 만들어, 동방으로 5백천만억 나유타 아승기의 나라를 지나서 이에 티끌 하나를 떨어뜨리되, 이와 같이 하여 동쪽으로 가면서 이 티끌을 다 떨어뜨렸다면, 선남자들아, 너희들의 뜻에는 어떠하냐? 이 모든 세계를 생각으로나 계산으로 그 수를 알 수 있겠느냐?"
　미륵보살과 여러 대중이 부처님께 여쭈었다. "세존이시여, 이 모든 세계는 한량없고 가이없어 산수로 알 수도 없고 마음의 생각으로도 알 수가 없나이다. 온갖 성문(聲聞)과 벽지불의 무루 지혜로 생각하여도 그 일정한 수를 알지 못할 것이며, 우리들이 불퇴의 자리에 머무를지라도 이 일은 요달하지 못할 것이오니, 세존이시여, 이와 같이 모든 세계는 한량이 없고, 가이없나이다."
　그 때, 부처님께서 큰 보살 대중에게 말씀하시었다. "선남자들아, 이제 너희들에게 분명히 말하리라. 이 모든 티끌이 떨어진 곳이나 떨어지지 않은 곳을 모두 다시 부수어 티끌을 만들고, 이 한 티끌을 1겁이라 하더라도, 내가 부처를 이룬 것은 다시 이보다 백천만억 나유타 아승기 겁이나 더 오래 되었느니라. 이로부터 지금까지 나는 항상 이 사바 세계에 있어 법을 설하여 교화하고, 또 다른 백천만억 나유타 아승기의 나라에서도 중생을 인도하여 이익 되게 하였느니라."]

– 법화경 제16편 여래수량품 중에서 –

불교의 경전들에서 거론되는 수는 너무나 크고, 기본 단위 또한 엄청나게 크다. 주로 나유타(那由他), 아승기(阿僧祇), 항하사(恒河沙), 겁(劫), 유순(由旬) 등의 단위로써 표현하는데, 그 각각의 의미를 간단히 살펴보자.

'나유타'는 천억 또는 만억을 뜻한다. '아승기'는 무량수라고도 하며, 헤아릴 수 없는 수를 말한다.
'항하사'는 항하, 즉 갠지스 강의 모래알 수를 일컫는데, 헤아릴 수 없이 많음을 비유하는 수이다.
'겁'이란 헤아릴 수 없는 아득한 시간을 의미하며, 인도의 고대 시간 체계를 분석하면 43억 2천만 년에 해당된다고도 한다.
'유순'은 인도의 거리 단위로서 30리 또는 40리, 즉 12km 또는 16km에 상당하는 거리이다.

이상과 같은 개념을 이해하고 앞에 인용한 대목을 다시 읽어 보면, 불경에서 표현하고 있는 세계는 정신이 아득할 정도로 큰 규모임을 알 수 있다.

무한 우주의 구조

불교의 우주는 무한 우주이다.

무한이란 숫자로써는 표현할 수 없는 그야말로 끝이 없음이다. 그럼에도 불구하고 불교 경전에서는 무한 우주의 크기를 굳이 거대한 단위를 사용하여 구체적으로 표현하고 있다. 필자는 그전부터 이 점에 상당한 의문을 품고 있었는데, 1989년 봄날 관무량수경을 다시 읽던 중 불현듯 석가모니의 의중을 깨달았던 것이다.

석가모니는 관념적 우주를 설하고 있는 것이 아니다. 그는 실제의 우주를 묘사하고 있다. 석가모니가 말하고자 하는 우주의 구조는 어떤 것인가? 불교의 우주관을 가장 극명하게 나타내고 있다는 구절이 화엄경(華嚴經)에 기록되어 있다.

無量劫一念 一念無量劫 須知 一方無量方 無量方一方
무량겁일념 일념무량겁 수지 일방무량방 무량방일방

이 구절에서 념(念)은 시간을 의미하고, 방(方)은 공간을 의미한다. 그러므로 일념이란 가장 짧은 시간, 즉 찰나를 뜻하며, 일방이란 가장 작은 것, 즉 티끌과 같은 것을 뜻한다. 이제 위의 구절을 해석하면 다음과 같이 된다.

"무한히 긴 시간도 찰나에 지나지 않고, 찰나와 같은 짧은 시간도 실은 무한의 시간이나 마찬가지이다. 이와 같이, 티끌 속에도 무량의 우주가 담겨 있고, 무량 우주라 하더라도 티끌과 같다."

불교 우주관의 정수라고 하는 이 구절을 논리적으로 분석해 보면 우주의 무한중첩(無限重疊) 구조를 표현하고 있음을 알 수 있다. 즉, 큰 구조 속에 작은 구조가 있고, 작은 구조는 그 내부에 다시 큰 구조를 담고 있다. 그리고 이러한 연결은 무한히 계속된다.

프랙탈(Fractal)의 세계

무한중첩(無限重疊) 구조는 프랙탈(Fractal) 구조와 같은 것이라고 할 수 있다. 프랙탈이란 자기유사성(自己類似性)으로 번역될 수 있는 개념으로서, 복잡한 구조 속의 작은 부분은 그 내부에 전체 구조와 똑 같은 복잡한 구조를 포함한다는 것이다.

불교의 우주관과 상통하는 자기유사성의 개념을 보다 잘 이해하기 위해 아이작 아시모프(Isaac Asimov; 1920~1993)의 책 '우주의 비밀' 중에서 관련 부분을 인용해 보기로 하겠다.

[자기유사성은 기하학 도형에서도 발견할 수 있는데, 예를 들면, 1906년에 스웨덴의 수학자 코흐(Helge von Koch; 1870~1924)는 일종의 초(超)눈송이를 생각해 내었다. 이것을 어떻게 만들었는지 알아보자.

먼저 정삼각형을 하나 그린다. 각 변을 3등분하고, 그 중 가운데 부분을 밑변으로 하는 새로운 작은 정삼각형을 각 변 위에다 그린다. 그러면 그 모양은 6개의 팔을 가진 별이 된다.

이번에는 6개의 팔인 각각의 정삼각형에서 양변을 3등분하고, 앞서와 마찬가지 방법으로 가운데 부분에 새로운 정삼각형을 그린다. 그러면 18개의 정삼각형으로 삐죽삐죽한 도형을 얻게 된다.

이번에는 그 18개의 정삼각형 양변을 3등분하여 같은 방법으로 새로운 삼각형을 그려 나간다. 이런 식으로 계속해서 새로운 삼각형을 만들어 나간 것이 초눈송이이다.

이런 도형에서는 처음의 삼각형이 아무리 크더라도, 그리고 아무리 정교하게 그 위에 작도를 해나간다 하더라도, 곧 새로운 삼각형들은 더 이상 손으로 그릴 수 없을 정도로 작아지고 만다. 따라서, 당신은 그것을 상상 속에 그려 보면서 결과를 생각해 보는 수밖에 없다.

기하학에서 점은 0차원이고, 선은 1차원, 평면은 2차원, 입체는 3차원이라고 정의한다. 그러나 초눈송이의 경계선은 끝없는 보풀이 일어 있을 뿐만 아니라 각 점에서 갑작스런 방향 전환을 하기 때문에 그것을 정상적인 선으로 생각할 수 없고, 그렇다고 평면이라고 할 수도 없다. 즉, 그것은 1과 2 사이의 차원을 가지고 있는데, 미국의 물리학자 망델브로(Benoit Mandelbrot; 1924~)는 그 차원을 $\log 4$를 $\log 3$으로 나눈 값으로 생각하는 것이 타당하다는 것을 밝혔다. 이 값은 약 1.26186이다. 따라서, 초눈송이의 경계선은 1과 1/4을 약간 넘는 차원을 가진다. 초눈송이와 같이 정수가 아니라 분수의 차원을 갖는 도형을 프랙탈이라고 부른다.

여기서 주목할 점은 프랙탈의 구조이다. 처음 삼각형의 한 변에 붙어 있는 비교적 큰 삼각형 하나를 선택해서 조사해 보면, 거기에는 점점 더 작은 삼각형들이 무한히 붙어 자라나므로 무한히 복잡한 모양을 하고 있다. 그런데 거기 붙어 있는 작은 삼각형 중에서 현미경으로 보아야만 겨우 볼 수 있는 아주 작은 삼각형을 하나 선택하여, 그것을 제대로 볼 수 있을 만큼 확대시킨다고 하자. 그러면 그것은 처음에 선택한 큰 삼각형과 똑같이 복잡한 모양을 하고 있는 것을 알 수 있다. 또, 여기에 붙어 있는 더욱 작은 삼각형을 하나 선택한다 하더라도, 그것을 확대시킨 모양은 처음의 삼각형과 똑같다. 이와 같이, 아무리 작은 삼각형을 선택하더라도 처음의 삼각형이 지닌 복잡한 모양을 그대로 갖는 것이 프랙탈의 특성이라 할 수 있다.

또 다른 간단한 예로서, 줄기가 세 갈래로 갈라진 나무를 생각해보자. 세 갈래의 줄기는 각각 다시 세 갈래로 갈라지고, 새로 갈라진 줄기들은 다시 세 갈래로 갈라진다. 이런 식으로 새로운 줄기에서 다시 세 갈래로 영원히 갈라져 나가는 초(超)나무에서는 어느 하나의 줄기가 아무리 작은 것이라 하더라도 전체 나무와 똑같은 복잡성을 가진다.]

– 아이작 아시모프 저 '우주의 비밀' 중에서 –

화엄경에서 말하는 우주의 구조는 바로 프랙탈 구조이다. 이제 독자 여러분은 석가모니가 말하고자 하는 우주의 모습을 대강 이해할 수 있을 것이다.

우주는 크고 또한 그 구조는 복잡하다. 그러나 우주를 이루고 있는 수많은 티끌들 중 하나를 집어 그 속을 들여다보면, 거기에도 우주와 똑같이 복잡한 구조를 갖는 세계가 들어 있다. 이 티끌 하나를 소우주라 하자. 그 소우주는 다시 무한히 작은 티끌들로 이루어지고, 그 하나 하나의 티끌 속에는 또 우주와 똑같은 복잡한 구조가 재현되는 것이다.

이번에는 이것을 역으로 생각해 보자. 우주는 크고 복잡하다. 그러나 이 거대한 우주도 실은 하나의 티끌에 지나지 않는다. 우리가 아직 우주의 바깥을 볼 수 없어서 그렇지, 이런 우주는 무수히 존재한다. 그리고 그 무수한 우주들을 모두 포함한, 상상을 초월하는 규모의 우주가 있다. 그렇지만 그 엄청난 크기의 우주도 그보다 한 단계 위의 우주에 비하면 또 하나의 티끌에 불과하고...

이와 같이, 우주는 수평적으로 무한할 뿐만 아니라 수직적으로도 무한히 연속된다. 즉, 우주는 프랙탈 구조로 영원히 이어지는 것이다.

앞에서와 같은 상상을 이번에는 '사람'을 기준으로 해보자. 프랙탈은 자기유사성의 개념이므로, '우주' 대신에 그 구성 요소의 하나인 '사람'을 기준으로 하더라도 같은 설명이 가능하다.

사람은 거대한 우주 속에 있다. 그러나 사람의 몸속에도 저 우주와 똑같은 구조를 갖는 무수한 소우주들이 들어 있다. 그 소우주들에는 또 우리와 같은 작은 사람들이 살고 있어, 자기들의 하늘을 외경심에 가득 찬 시선으로 바라보고 있을 것이다. 그 작은 사람들의 몸 속에는 또다시 더 작은 우주들이 가득 들어 있고, 그 곳에는 더욱 더 작은 사람들이 살고 있을 것이다.

이번에는 방향을 돌려 큰 쪽을 보기로 하자. 우리는 거대한 우주를 바라보고 있다. 그러나 우리가 보고 있는 것이 세계의 전부가 아니다. 저 우주와 같은 규모의 우주들은 무수히 많으며, 그 모든 우주들을 내부에 담고 있는 무한히 큰 존재가 있다. 그리고 그런 큰 존재들이 무수히 모여 사는 거대한 세계가 있고, 그들의 하늘에는 또다시 무한의 우주가 펼쳐져 있다.

우주는 이런 방식으로 영원히 연속된다. 그런데 이런 우주의 모습은 필자가 어릴 때부터 꿈꾸어 오던 거인 세계와 소인 세계를 무척이나 닮아 있다. 불교의 원리를 전혀 모르던 아주 어린 시절에 이런 꿈을 보았다는 것이 신기하게 느껴진다. 아마 이 글을 읽는 독자들 중에도 이런 느낌을 갖는 분들이 있으리라.

부처의 키

관무량수경은 필자에게 신(新)우주론을 구체화시킬 수 있는 첫 단서를 제공해 주었다. 그 경전에는 아미타불, 관세음보살 및 대세지보살의 신장이 구제적인 수치로 기록되어 있다. 즉, 아미타불의 키는 60만억 나유타 항하사 유순, 그리고 관세음보살과 대세지보살의 키는 80만억 나유타 유순이다. 불교에서 '부처'가 '우주'를 표상한다면, 이 수치는 바로 우주의 크기를 말하는 것이 된다.

여기서 아미타불의 키에 주목하자.

아미타불의 키는 다른 두 부처의 키보다 항하사 배, 말하자면 무한 배 더 크다. 관세음보살의 키도 사람에 비하면 이미 무한히 더 크므로, 아미타불의 키는 사람 키보다 무한 배의 또 무한 배이다. 이는 바로 아미타불의 키를 들어 우주의 프랙탈 구조적 연속성을 표현하고 있는 것으로 해석할 수 있다.

그렇다면, 우리가 보는 우주보다 한 단계 높은 우주의 크기를 나타내는 것은 관세음보살의 키가 된다. 80만억 나유타 유순의 거대한 키로 우리 우주 위에 버티고 서 있는 관세음보살 – 이것은 바로 필자가 꿈꾸었던 거인의 모습이었다.

이것을 구체화시킬 수 있을까?

필자는 우선 관세음보살의 신장 80만억 나유타 유순이 도대체 얼마만한 크기인지 계산해 보기로 마음먹었다. 불경에 기록된 부처의 키를 계산한다는 것은 일견 터무니없는 발상이긴 했지만, 그것을 현실적인 숫자로 한번 환산해 보면 뜻이 더 명확해질 것 같았다. 그럼, 독자 여러분과 함께 관세음보살의 키 80만억 나유타 유순을 현대적인 수치로 풀이해 보기로 하자.

'나유타'란 천억 또는 만억을 뜻한다. 그런데 나유타 앞에 이미 만억이란 숫자가 나오고 이것이 무한히 큰 부처의 키를 나타내는 데 쓰이고 있으므로, 여기서는 만억의 뜻으로 사용되었다고 보는 것이 합리적이다. '유순'은 30리 또는 40리에 해당하는 인도의 거리 단위이다. 그런데 이 또한 거대한 크기를 표현하는 데 사용되고 있으므로, 큰 쪽인 40리를 택하는 것이 합리적이다. 그러므로 '유순'은 16km를 뜻하는 것으로 보자.

80만억 나유타 유순
= 80 × 만억 × 만억 × 16km
= 80 × 10,000 × 100,000,000 × 10,000 × 100,000,000 × 16km
= 1,280,000,000,000,000,000,000,000,000km

$= 1.28 \times 10^{27}$km

이것은 그야말로 무한에 가까운 크기라고 할 수 있는데, 그러나 그냥 이 상태로 보아서는 얼마나 큰지 잘 알 수가 없다. 이 수치를 현실감 있게 이해하기 위해 우리가 상식적으로 알고 있는 은하계의 크기 및 우주의 크기와 비교해 보자.

은하계의 반지름은 5만 광년이고, 우주의 반지름은 150억 광년이다. 광년이란 빛의 속도, 즉 초속 30만 킬로미터로 1년 동안 달리는 거리이다. 우선 5만 광년과 150억 광년을 킬로미터 단위로 바꾸어 보자.

[은하계 반지름] 5만 광년
= 5만 년 × 30만km
= 50,000(년) × 365(일) × 24(시간) × 60(분) × 60(초)
  × 300,000km
= 470,000,000,000,000,000km
= 4.7×10^{17}km

[우주 반지름] 150억 광년
= 150억 년 × 30만km
= 15,000,000,000(년) × 365(일) × 24(시간) × 60(분)
  × 60(초) × 300,000km

$$= 140,000,000,000,000,000,000,000 \text{km}$$
$$= 1.4 \times 10^{23} \text{km}$$

관세음보살의 키는 은하계 반지름 또는 우주 반지름의 몇 배나 될까? 이를 알려면 관세음보살의 키 1.28×10^{27}km를 은하계 반지름 4.7×10^{17}km와 우주 반지름 1.4×10^{23}km로 각각 나누어 보면 된다.

먹끼리의 계산법은 아주 간단하다. 먹끼리 곱할 때에는 10의 어깨에 달린 숫자를 그냥 더해 주고, 반대로 나눌 때에는 10의 어깨에 달린 숫자를 빼 주면 된다.

관세음보살의 키를 은하계 반지름으로 나누어 보면,
$$(1.28 \times 10^{27}) \div (4.7 \times 10^{17})$$
$$= (12.8 \times 10^{26}) \div (4.7 \times 10^{17})$$
$$= (12.8 \div 4.7) \times 10^{26-17}$$
$$= 2.7 \times 10^{9}$$

즉, 관세음보살의 키는 은하계 반지름보다 27억 배 더 크다.

같은 방법으로 관세음보살의 키를 우주 반지름으로 나누면,
$$(1.28 \times 10^{27}) \div (1.4 \times 10^{23})$$
$$= (12.8 \times 10^{26}) \div (1.4 \times 10^{23})$$

$= (12.8 \div 1.4) \times 10^{26-23}$

$= 9.1 \times 10^3$

$= 9,100$

즉, 관세음보살의 키는 거대한 우주 반지름의 9,100배이다.

이와 같이 비교해 봄으로써, 이제 우리는 관세음보살이 얼마나 큰 존재인지 실감할 수 있다.

비례의 법칙

 현대 과학이 밝히고 있는 우주의 크기는 반지름 150억 광년이다. 그러나 불교의 세계에서는 아미타불은 차치하고, 관세음보살의 키만 보더라도 우주 반지름보다 9천 배 이상 더 크다.
 종교적 관념인 부처를 과학적 실체인 우주와 비교하는 것에 대해 거부감을 느끼는 독자도 있으리라. 그러나 과학은 본래 종교적 혹은 철학적 고찰로부터 탄생한다. 부처는 종교적 관념일 뿐인가? 독자 여러분은 이 책에서 관념적 존재인 부처가 실체적 존재로 변신하는 논리적 과정을 보게 될 것이다. '부처'란 단어는 단지 무한 우주에 접근하기 위한 방편(方便)에 불과하며, 필자가 제시하고자 하는 바는 과학적 신(新)우주론이다. 말하자면, 부처는 프랙탈 구조로 연속되는 무한 우주에서 우리 우주보다 한 단계 위에 있는 거대한 존재를 표상할 뿐이다. 단지 그 존재를 부를 마땅한 이름이 없으므로 그냥 '부처'라고 부르기로 한 것이다. 그러므로 불교적 용어가 마음에 들지 않는 독자가 있더라도 이를 이해하고 읽어 주기를 바라겠다.

여기서 우주와 부처(앞으로 관세음보살을 그냥 '부처'라고 부르겠다)를 따로 생각하지 말고, 그 둘을 동시에 생각해 보자. 대부분의 과학자들이 현실 세계의 전부라고 말하는 반지름 150억 광년의 우주와 부처를 동시에 생각해 볼 때, 우주 반지름보다 9천 배나 더 큰 거대한 부처 옆에 깨알같이 조그맣게 동떨어져 있는 우리 우주를 상상하는 것은 자연스럽지가 못하다. 그보다는 거대한 부처의 내부에 조그맣게 자리잡고 있는 우리 우주를 떠올리는 것이 오히려 더 자연스럽다. 즉, 반지름 150억 광년의 광대한 우주는 부처라는 거대한 존재의 내부에 있고, 우리는 부처 내부에 있는 헤아릴 수 없이 많은 우주들 중의 한 곳에 살고 있는 것이다.

화엄경의 기록은 우주 공간의 프랙탈 구조를 말하고 있는 바, 이를 현실적으로 표현하면 위와 같다고 할 수 있다. 일방무량방 무량방일방(一方無量方 無量方一方) - 티끌 속에 우주가 있고, 우주는 티끌과 같은 것이다.

만약 이런 사상이 종교적 관념만이 아닌 우주의 참모습이라면, 그래서 부처와 사람이 프랙탈 구조로 연결되어 있는 것이 실제라면, 부처 내부의 작은 구조인 우주 - 우리에게는 거대한 우주이지만 - 에 해당되는 구조가 우리 몸속에도 있을 것이다.

우주에는 무엇이 있고, 우리 몸 속에는 무엇이 있는가? 무엇이 무엇에 해당하는가? 필자는 여기서 매우 복잡한 추리를 전개시키지 않으면 안 되었다. 필자의 두뇌 세포들 이곳 저곳에 담겨져 있던 인체에 관한 생물학적 지식과 우주에 관한 천문학적 지식이 모두 쏟아져 나와, 두뇌 한 가운데에서 현란하게 어우러져 춤을 추었다. 우주의 신질서(新秩序)가 탄생하는 순간이었다.

 복잡한 요소들을 정리하기 위해서는 하나의 원칙을 세우는 것이 필요하다. 무한히 큰 것과 무한히 작은 것 – 만약 이 둘이 프랙탈 구조로 연결되어 있다면, 그것들은 크기만 다를 뿐 본질적으로 동일할 것이다. 그러므로 이 둘의 내부에 있는 모든 요소들은 상대편의 내부에서 서로 대응하는 짝을 찾을 수 있을 것이다. 그리고 짝을 이루는 요소들의 크기를 비교해 보면, 모든 짝들에서 두 요소 간의 크기 비(比)는 동일할 것이다.
 그렇다. 그것은 비례의 법칙이다.
 무한히 큰 것과 무한히 작은 것 – 만약 이 둘이 본질적으로 동일하다면, 양자를 구성하는 모든 대응 요소들 사이에는 동일한 비례 관계가 성립해야만 하는 것이다.

큰 것과 작은 것

 상호 대응하는 모든 요소들 사이에 동일한 비례 관계가 성립할 때, 그 두 물체는 크기만 서로 다를 뿐 본질적으로는 동일성(同一性)을 갖는다. 이것은 매우 상식적인 개념이지만, 과학의 엄격한 눈으로 볼 때에는 논란의 대상이 될 수도 있다.
 동일성의 개념은 신(新)우주론의 핵심이므로, 우리는 이를 충분히 이해하고 넘어가지 않으면 안 된다.
 신문, 서류 등을 마이크로 필름이라는 아주 작은 필름에 담아 영구 보존하는 기술이 보급되어 있다. 가령, 신문 한 장을 깨알처럼 작은 필름 속에 담았다 하더라도, 우리는 그 필름을 확대시켜 봄으로써 그것이 해당 신문과 같은 것인지 아닌지 확인할 수 있다.
 그러나 필름을 확대하지 않고, 현미경을 들여다보며 필름 속에 담긴 글자와 그림의 크기, 형태, 기타 요소들을 해당 신문과 비교하여 서로 대응하는 것들이 모두 일정한 비례 관계에 있음을 확인한 경우에도 우리는 그 둘이 본질적으로 동일한 것임을 인정할 수 있다.
 필자는 동일성을 갖는 두 물체가 문자 그대로 '동일'하다고 말하는 것이 아니다. 큰 것과 작은 것은 우선 그 크기가 다르므로 동일할 수 없다. 신문과 마이크로 필름이라면 그 재질부터 다르다. 필자가 말하고자 하는 바는, 상호 대응하는 요소들 사이에 일정한 비례 관계가 성립하면 두 물체는 '동일성'을 갖는다는 것이다.

아주 상식적인 예를 들어 설명해 보자.

가령, 여기 삼각형이 하나 있다고 하자. 그리고 이 삼각형의 각 변을 2분의 1로 축소시킨 작은 삼각형을 하나 그려 보자. 이 두 삼각형은 닮은꼴이므로 동일성을 지니고 있다.

이들의 동일성은 간단히 증명된다. 작은 삼각형이 그려진 종이를 확대 기능이 있는 복사기에 넣어 2배로 확대하면 원래의 삼각형과 동일한 크기와 모양이 된다. 그 두 삼각형을 구별하는 방법은 없다. 그러므로 축소된 삼각형과 원래의 삼각형은 크기만 서로 다를 뿐, 본질적인 '동일성'을 갖는 것이다.

한 물체를 어떤 수준까지 확대 또는 축소하든, 둘 사이에 서로 대응하는 요소들끼리 동일한 비례 관계가 존재함을 증명할 수만 있다면, 우리는 양자가 상호 동일성을 갖는다고 말할 수 있다.

하나의 삼각형을 2배, 3배 ... 10배, 20배 ... 10^{10}배, 10^{20}배, 10^{30}배 .... 나아가 무한 배(無限倍)로 확대하거나 반대로 축소하더라도, 우리가 두 삼각형의 변들을 측정할 수 있고 또 대응하는 각 변들의 길이가 모두 동일한 비를 나타낸다면, 두 삼각형은 닮은꼴임이 증명된다. 이 경우 우리는 그 둘이 동일성을 갖는다고 말할 수 있는 것이다.

이와 같은 논리를 우주 규모의 물체와 미립자 규모의 물체 사이에 적용한다고 해서 안 될 이유는 없다. 우리는 그 두 물체의 상호 대응하는 요소들이 동일한 비례 관계를 갖는 것을 확인함으로써 그 둘의 동일성을 증명할 수 있을 것이다.

동일성의 개념은 현실적인 효용 가치가 매우 크다. 예를 들어 보자.

삼각형을 구성하는 요소는 세 변과 세 각이다. 그러나 두 개의 삼각형이 닮은꼴임을 입증하기 위해 모든 변과 각을 재어 볼 필요는 없다. 두 변의 비가 같고 그 끼인각이 같거나, 세 변의 비가 같거나, 또는 두 각이 같음을 증명하기만 하면 된다. 삼각형의 구성 요소들 중 일부만을 측정하여 두 삼각형이 닮은꼴임을 입증하면, 다른 요소들은 일일이 재어 보지 않더라도 그 크기를 유추할 수 있다. 바로 여기에 동일성 개념의 효용성이 있는 것이다.

동일성 개념은 매우 단순한 것 같지만, 실은 논리의 진수를 담고 있다. 논리적 사고는 결코 쉬운 일이 아니다. 많은 사람들은 두 삼각형에서 대응하는 두 각만 같으면 그 둘은 닮은꼴이 되고, 따라서 다른 요소들은 일일이 재어 볼 필요가 없다는 것을 이해하지 못한다. 또 어떤 사람들은 세 변의 비가 모두 같고 세 각도 모두 같음을 확인하고서도, 그 두 삼각형이 동일성을 갖는다는 것을 이해하지 못한다.

필자의 신(新)우주론은 시종일관 동일성의 논리에 의해 전개되므로 그 원리는 극히 단순하다. 그렇지만 많은 사람들은 이 단순한 논리를 잘 이해하지 못한다. 물론 이 주제에 관해 평소 생각해 보지 않았기 때문에 그럴 수도 있겠지만, 어떤 사람들은 충분히 이해하고도 남음이 있으리라고 생각되는데 그렇지 않은 경우가 있다. 필자가 추측하건대, 그런 사람들은 필자의 논리를 이해하지 못하는 것이 아니라 이해하기를 거부하는 것이리라. 그들은 기존의 우주론에 얽매여 새로운 개념을 받아 들일 마음의 준비가 되어 있지 않은 것이다.

진리가 아무리 눈 앞에 있더라도 마음의 문을 열지 않으면 그것을 볼 수도 받아들일 수도 없다. 진실을 추구하는 사람이라면 항상 마음의 문을 열어 놓고 언제라도 그것을 받아 들일 준비를 하지 않으면 안 된다.

제3장
우주의 비밀 – 공간에 관하여

· 사람과 부처

· 신질서(新秩序) – 비례상수 10^{30}

· 거시 세계와 미시 세계

· 소립자에서 분자까지

· 생명물질

· 짝짓기

· 10배의 편차

· 원자와 은하

· 원자핵과 은하핵

· 세포와 우주

· 반복되는 10^{30}

· 전자벨트와 극미입자(極微粒子)

· 분자와 은하군

· 나머지 대응 요소들

· 공간의 신질서

미시 세계와 거시 세계는 그 크기만 다를 뿐, 본질적인 동일성을 갖는다. 우주는 무한중첩 구조로 이어지며, 프랙탈 각 단계 간의 배율은 10^{30}이다.

사람과 부처

    우주가 석가모니의 가르침대로 무한중첩 구조를 갖는 것이 사실이라면, 부처로 표현된 거대한 존재의 내부를 구성하는 요소들과 사람의 내부에서 그에 대응하는 각 요소의 크기를 비교할 때 그것들은 모두 동일한 비(比)를 보이게 될 것이다. 왜냐하면, 프랙탈 구조로 연결되는 부처와 사람은 그 크기만 다를 뿐, 양자는 본질적인 동일성을 갖기 때문이다.

    이 경우, 만약 석가모니가 우주의 실체를 정확하게 꿰뚫었다면, 각 대응 요소의 크기 비는 부처와 사람의 크기 비와 같을 것이다.

    그러면 일단 부처와 사람의 크기 비를 구해 보자.

    관세음보살의 키는 1.28×10^{27}km이다. 사람의 키는 어떻게 정하는 것이 좋을까?

    사람은 갓난아기부터 어른까지 그 키가 다양하다. 갓난아기는 50센티미터 정도이고, 장신의 어른은 2미터나 된다. 그러므로 사람의 평균 키를 1미터라 하면 계산이 간단해지고 큰 무리도 없을 것 같다.

어차피 부처의 키도 불교 경전에 기록된 것 외에는 달리 입증할 방법이 없고 그 수치 또한 딱 떨어지게 정확하지는 않을 것이니, 약간의 차이는 무시해도 별 문제가 안 될 것이다.

관세음보살의 키 1.28×10^{27}km를 미터 단위로 고쳐보자. 1킬로미터는 1,000미터이므로 10^3을 곱해 주면 된다.

그러면 관세음보살의 키는,
$1.28 \times 10^{27} \times 10^3 = 1.28 \times 10^{27+3}$
= $\underline{1.28 \times 10^{30}}$m

따라서,
<u>사람의 키 : 관세음보살의 키 = 1 : 1.28×10^{30}</u>

이것은 필자의 신(新)우주론을 구체화하기 위해 구한 최초의 값이다. 물론 부처는 종교적 관념에 지나지 않고, 따라서 부처의 키를 입증할 현실적 근거가 없기 때문에 이 값이 과학적 자료로서의 가치를 갖는 것은 아니다.

이 값은 신(新)우주론의 단서를 제공한 불교 우주관을 논리적으로 고찰한 결과이다. 앞으로 이 책에서 필자의 신(新)우주론이 확립될 때, 이 값은 관념의 껍질을 벗고 현실적 가치를 획득하게 될 것이다.

 아무리 그렇다 하더라도, 과학 중의 과학이자 인간 이성의 개화를 선도하는 우주론을 논함에 있어서 그 최초의 계산이 종교적 관념에 관한 것이라는 데에는 필자도 당연히 부담을 느낀다. 어쩌면 수십 년 동안 사색을 더 거듭하여 종교의 관념에 의지하지 않고서도 동일한 우주론을 생각해 낼 수 있었을지도 모른다. 그러나 솔직히 말해서 그럴 가능성은 거의 없을 것 같다. 왜냐하면, 불교의 경전은 필자에게 확실한 단서를 제공해 주었고, 단서 없는 탐구는 한없는 오리무중을 헤맬 뿐일 터이기 때문이다.

 필자는 이 글을 시작하기 전에 종교적 관념을 배제하고 쓰려고 많이 궁리해 보았지만, 생각 끝에 지금 쓰고 있는 줄거리대로 결정했다. 필자의 신(新)우주론은 그 규모가 사람들의 일반적 사고 범위를 벗어나 있다. 그러므로 독자들을 필자의 논리에 부드럽게 초대하기 위해서는 독자들에게 비교적 친숙한 종교적 관념의 세계를 분석하는 것으로부터 출발하는 것이 효과적이라고 판단했던 것이다.

 일반적으로 새로운 사상이 출현하면 사람들은 그것을 객관적인 시각으로 평가하려 하기보다는 다소 감정적으로 대응하는 경향이 있다. 그 대표적인 예가 갈릴레이에 대한 종교재판이다. 사람들은 새로운 사상을 이해하지 못해서, 혹은 기존 논리에 대한 맹신 때문에, 혹은 새로운 사상으로부터 기존 논리를 지키기 위해 그것의 진위에 관계없이 일단 배척한다.

 그런 의미에서, 석가모니가 이미 2,600년 전에 우주의 실체를 꿰

뚫고 그 기록을 남겨 두었다는 사실은 필자에게 크나큰 행운이다. 필자는 적어도 전세계 불교권에서 수억 명의 동조자를 미리 확보하고 있는 셈이 된다.

신질서(新秩序) - 비례상수 10^{30}

앞에서 사람과 관세음보살의 키를 비교하여 [1 : 1.28×10^{30}]이란 값을 구했지만, 지금부터는 이 값을 [1 : 10^{30}] 으로 표시하기로 한다. 왜냐하면, 필자의 목적은 신(新)우주론의 큰 틀을 제안하는 데 있으므로 세세한 표현은 오히려 부적절할 수도 있기 때문이다.

석가모니가 무한 우주의 실체를 정확하게 꿰뚫었다면, 사람과 관세음보살의 크기 비 [1 : 10^{30}]은 프랙탈 구조로 연속되는 무한 우주의 모든 단계에서 통용될 것이다. 그리고 인접하는 상하 두 단계의 세계에서 그 내부를 구성하는 요소들 중 서로 대응하는 모든 것들 사이에도 이 비(比)가 통용될 것이다.

우주는 'Cosmos' 즉, '질서'이다. 우주 속에는 분명 시간과 공간에 걸친 모든 것을 통합하는 대(大) 질서가 숨겨져 있음에 틀림없다. 그것을 찾아내려면 우선 치밀한 추리에서 출발하지 않으면 안 된다.

우주는 환상이 아니다. 우주는 우리가 그 속에서 살고 있는 현실이다. 여기에는 어떤 신비도 없다. 인류가 아직 우주의 참모습을 알지 못함으로 해서 우주를 해석하는 데 온갖 신비적인 방법이 동원되어 왔다. 그 대표적인 예가 시간 여행의 환상이다.

수학에서는 시간을 제4의 축(軸)으로 정의한다. 그러나 3차원 공간의 세 축과는 달리 시간 축을 따라 자유롭게 이동하는 것은 불가능하다. 우리는 시간의 흐름을 측정할 수는 있지만, 우리 스스로 시간을 되돌리거나 시간 축을 따라 과거로 돌아갈 수는 없다. 왜냐하면, 시간은 실체가 아니라 우주가 매 순간 변화해 가는 과정을 우리 임의로 정량화한 것일 뿐이기 때문이다.

우주의 모습은 매 순간마다 확정되고 그 직전의 모습은 소멸해 버리므로, 앞으로 변화할 가능성만 존재할 뿐 되돌아갈 과거란 존재하지 않는다. 그렇기 때문에, 우리가 우주의 변화를 '시간'이라는 단위로 정량화할 수 있더라도 '시간 축'은 결코 현실이 아니며, 가상의 축일 따름이다. 만약 시간 여행이 가능하다면 우주(Cosmos)는 그야말로 뒤죽박죽(Chaos)되어 버려, 질서란 눈 씻고 찾아도 보이지 않을 것이다.

그런데 4차원 시간 여행뿐만이 아니다. 오늘날 5차원, 6차원, 그리고 무수한 차원의 환상적인 세계가 과학의 이름으로 발표되고 있다. 뒤집어 보면, 이 모든 혼란은 사람들이 아직 우주의 참모습을 전혀 모르고 있다는 반증이기도 하다.

거시 세계와 미시 세계

 프랙탈 구조로 연속되는 무한 우주에서, 반지름 150억 광년의 우리 우주는 어떤 거대한 존재 속의 일부분이다. 이와 같이 거대한 존재의 내부를 구성하는 우주를 거시 세계라고 정의하자.

 무한 우주의 인접하는 상하 두 단계의 세계에서 거대한 존재 즉, 부처에 대응하는 것은 사람이므로, 사람의 내부에도 우리 우주에 대응하는 작은 구조가 있을 것이다. 그러면 이 작은 구조를 미시 세계라고 정의하자.

 이제 이와 같은 거시 세계와 미시 세계를 비교 분석하여 상호 대응하는 요소들을 가려 낼 것이다. 이를 위해서는, 우선 거시 세계와 미시 세계에는 어떤 요소들이 있으며 또 그것들이 어떻게 조직되어 있는지 살펴보는 것이 순서이다.

 먼저, 거시 세계부터 살펴보자.
 우주에는 3천억 개 이상의 은하들이 존재하며, 각 은하는 또 수천억 개의 별들로 이루어진다. 우리가 살고 있는 지구를 밝혀 주는 태양도 그런 별들 중의 하나이다. 지구와 기타 행성들은 태양의 주위를 공전한다. 태양의 반지름은 약 70만 킬로미터이다. 은하계에는 태양과 같은 별들이 3천억 개 이상 포함되어 있다.

태양은 은하계 중심에서 약 3만 광년 떨어져 있는데, 은하계 중심 주위를 초속 250킬로미터 정도의 속도로 공전하고 있다. 태양이 은하계를 한 번 공전하는 데에는 2억 년 남짓 걸린다. 은하계의 반지름은 약 5만 광년이며, 대부분 은하들의 반지름은 1만 광년 내지 5만 광년 사이에 분포되어 있다.

은하계 및 그 가까이에 있는 30여 개의 은하들이 모여서 국부은하군을 형성하고 있는데, 국부은하군에 속한 은하들은 전체 중력 중심 주위를 공전하고 있다. 은하들은 기본적으로 수 개 내지 수십 개씩 모여서 국부은하군과 같은 소규모 은하군을 형성하고 있으며, 이러한 은하군들이 모여서 더 큰 은하단을 만들고, 은하단들이 모여서 초은하단을 형성한다.

우리의 우주는 대략 이상과 같은 구조를 갖는데, 현대의 표준 우주론에 의한 우주 반지름은 약 150억 광년이다.

다음은 우리 몸 속의 미시 세계를 살펴보기로 하자. 미시 세계의 출발점을 어디에 두어야 할지는 분명하지 않지만, 인간의 몸을 구성하는 기본 단위는 세포이므로, 세포의 내부를 미시세계로 보는 것이 타당할 것이다.

인간의 몸은 대략 60조 개의 세포로 구성된다. 세포 속에는 현미경으로도 보이지 않는, 문자 그대로 미시의 세계가 현란하게 전개된다.

미시 세계의 가장 밑바닥에 위치하는 것은 소립자이다. 소립자는 전자, 중성자, 양성자를 비롯하여 광자, 중간자, 뉴트리노 등 수많은 종류가 있고, 소립자 물리학이 발달함에 따라 계속 그 식구가 늘어나고 있는 중이다.

소립자보다 더 아래의 구조는 설령 존재한다 하더라도, 현재 우리 인간의 능력으로는 도저히 알 수가 없다. 그러므로 미시 세계는 소립자를 그 바닥으로 하여 시작된다고 볼 수 있다.

소립자는 광자, 자유전자, 중간자, 뉴트리노 등 우주 공간을 자유롭게 누비는 것들도 있지만, 원자를 구성하는 것도 모두 소립자들이다. 원자의 반지름은 약 1옹스트롬(= 10^{-8}cm)이며, 그 중심에는 원자 반지름의 10만분의 1 정도 되는 원자핵이 있고 그 주위에 전자들이 분포되어 있다.

원자가 수 개 내지 수십 개 결합하여 물질의 특성을 갖는 최소 단위인 분자를 만든다. 기본적인 생명물질은 단백질, 지방, 핵산, 탄수화물 등 고분자 화합물이라고 할 수 있는데, 이것들은 수백 개 이상의 분자들이 유기적(有機的)으로 결합되어 만들어진다.

고분자들이 다시 많이 결합하여 세포 내의 여러 가지 형태를 갖춘 물질들, 즉 미토콘드리아, 미크로튜블, 세포핵, 염색체 등을 만든다.

일반적으로 세포는 이런 물질들이 가득 들어 있는 구형(球形)의 주머니와 같으며, 세포를 둘러싸고 있는 세포막은 세포 내외의 물질이 서로 자유롭게 교류하는 것을 차단하고 있다. 이와 같은 세포의 크기는 대체적으로 반지름 5미크론(5×10^{-4}cm) 내지 50미크론(5×10^{-3}cm) 정도이다.

소립자에서 분자까지

거시 세계, 즉 우주에 관해서는 앞에서 여러 모로 살펴본 바 있지만, 이 책에서 미시 세계는 이제 처음 등장한다. 거시 세계는 우리 인간의 능력이 미치기에는 너무나 방대하여 다 알지 못하는 반면, 미시 세계는 거기에 있는 줄 뻔히 알면서도 너무나 작아서 다 알지 못한다.

어떤 면에서는 미시 세계가 거시 세계보다 더 난해하고 접근하기 어렵다. 따라서, 일반적으로 사람들이 가지고 있는 지식도 미시 세계에 관한 것이 거시 세계에 관한 것보다 훨씬 적다.

필자의 신(新)우주론을 무리 없이 이해하기 위해서는 미시세계에 관한 어느 정도의 지식을 갖는 것이 반드시 필요하다. 그러므로 지금부터 독자 여러분과 함께 미시 세계 속으로 잠시 여행을 떠나 보기로 하겠다. 미시 세계 또한 흥미진진한 곳이다.

그럼, 소립자에서 시작하여 세포에 이르기까지 미시 세계의 여러 모습을 두루 살펴보자.

미시 세계를 구성하는 여러 요소들 중에서 가장 기본적인 단위가 될 수 있는 것은 무엇일까？ 그것은 바로 원자라고 할 수 있을 것이다.

　가끔 원자(原子)와 원소(元素)를 혼동하기도 하는데, 원소란 화학적으로 더 이상 분해할 수 없는 순수 물질을 말하고, 원자란 그러한 물질을 이루는 입자를 가리킨다. 자연계에 존재하는 것과 인공적으로 만들어진 것을 합해 현재까지 100여 종의 원소들이 알려져 있다. 산소, 수소, 탄소 등을 비롯하여 금, 은, 구리 등을 원소라고 한다. 예를 들어, 순금 덩이에서는 화학적으로 아무리 분해해도 더 이상 다른 성분이 나오지 않는다. 이렇게 더 이상 분해할 수 없는 물질로서의 금을 원소라 하는 한편, 금을 이루고 있는 기본 입자 하나하나를 금 원자라고 한다. 그러므로 100여 종의 원소에 대응하는 100여 종의 원자가 있게 된다.

　영어로 원자를 아톰(atom)이라 하는데, 이는 그리스어의 아토모스(atomos)에서 유래한 것으로서 더 이상 쪼갤 수 없다는 의미를 갖고 있다. 그러나 19세기 말에 전자의 존재가 발견된 것을 시작으로 1910년에는 뉴질랜드 출신의 물리학자 러더퍼드(Ernest Rutherford; 1871~1937)에 의해 원자핵의 존재가 발견되었고, 1920년대에는 원자핵 내부에 있는 양성자(陽生子)가, 그리고 1930년대에는 중성자(中性子)가 발견되었으며, 이어 여러 종류의 중간자(中間子)들이 발견되었다.

　이제 원자는 더 이상 쪼갤 수 없는 최소 단위가 아님이 명백해졌고, 그 내부에는 무수한 소립자들이 연출하는 별세계(別世界)가 존재한다는 사실을 알게 되었다.

소립자를 분류하는 방법은 여러 가지가 있으며, 또 매우 복잡하다. 그 중 가장 간단한 분류법으로서, 그 입자를 더 이상 쪼갤 수 있느냐 없느냐를 기준으로 하는 방법이 있다. 이 방법에 따르면 소립자는 크게 하드론(hadron)과 랩톤(lepton)으로 분류할 수 있다.

하드론은 일반적으로 무거운 입자인데, 양성자, 중성자, 여러 종류의 하이퍼론 및 중간자 등이 이에 해당된다. 하드론은 입자의 최종 바닥 상태가 아니며, 그것들은 더 작은 입자인 쿼크로 이루어져 있다. 이에 반하여 랩톤은 일반적으로 매우 가벼운 입자이고, 더 이상의 하부 구조를 갖지 않는 것으로서 전자, 뮤온, 뉴트리노, 광자, 중력자 등이 이에 속한다.

그러나 최근에는 쿼크와 랩톤이 리숀이라는 더 작은 입자로 이루어져 있다는 가정이 제안되어 있는 상태이다. 이는 아직 규명되지 않은 가정에 지나지 않지만, 쿼크와 랩톤도 엄연히 질량을 가지고 있으므로 더 이상 쪼갤 수 없다고 단정하는 것은 아직 이르다.

원자 속에는 현란한 소립자들의 세계가 전개되고 있지만, 그래도 원자의 기본적인 형태는 원자핵 주위를 전자가 돌고 있는 모습이다. 원자의 반지름은 1옹스트롬(= 10^{-8}cm = 0.00000001cm)이다.

소수점 이하 여러 자리를 갖는 작은 수를 표시하기 위하여 음(陰)의 멱을 사용하는데, 그 요령은 양의 멱에서 쓰는 방법과 비슷하다. 예를 들면, 0.004는 소수점 이하 3자리이므로 4×10^{-3}으로 표시된다.

원자의 중심에는 원자 반지름의 10만분의 1, 즉 반지름 10^{-13} cm 정도의 원자핵이 있고, 그 주위에 전자들이 있다. 원자핵은 공간적으로는 매우 작은 부분을 차지하고 있지만 원자 질량의 거의 대부분이 그곳에 집중되어 있다. 원자핵의 질량은 원자 전체 질량의 99.95% 정도나 된다.

전자는 원자핵의 주위를 돌고 있는 매우 가벼운 입자로 알려져 있는데, 현재까지 측정된 바로는 그 반지름이 10^{-20} cm보다 작다고 한다. 전자가 원자핵 주위를 돌고 있는 작은 입자라는 고전적인 생각은 원자 구조를 단순화시켜 아주 편리했다. 그러나 모든 물질 입자는 파동의 성질을 함께 가지고 있다는 사실이 밝혀져 일이 복잡해졌다.

이 문제는 파동이라고만 생각되고 있던 빛의 입자성이 발견된 것을 계기로 하여 제기되었다. 1923년 프랑스의 물리학자 드 브로이(de Broglie; 1892~1987)는 빛의 입자성 발견을 역으로 추론하여, 전자 등 모든 물질 입자도 파동성을 갖는다고 주장했다. 그리고 곧이어 1927년에 전자의 파동성이 실험적으로 증명되기에 이르렀다.

전자 등 물질 입자가 갖는 파동성의 발견으로 양자역학(**量子力學**)이 발전하게 되었다. 양자역학은 일종의 확률론이다. 즉, 입자의 운동을 확률로써 기술하는 것이다.

예를 들어 보자. 전자는 원자라는 닫힌 계(界) 속에서 파동성을 가지고 빠른 속도로 운동하므로, 어떤 특정한 시각에 전자가 있게 될 장소를 확정할 수가 없다. 그러나 전자가 어떤 특정한 장소에 존재할 확률은 계산해 낼 수 있다. 따라서 양자역학상으로 볼 때, 전자는 지구가 태양 주위를 돌듯이 원자핵 주위를 도는 것이 아니라 그 위치는 항상 확률적으로 표시될 뿐이다.

양자(量子)는 입자의 이름이 아니라, 입자의 어떤 상태를 나타내는 양자론에서의 용어이다. 입자의 상태는 주(主) 양자수, 방위(方位) 양자수, 자기(磁氣) 양자수, 기타 몇 가지의 양자수(量子數: quantum number)를 사용하여 간단하게 표시할 수 있다.

양자역학은 물리학을 전공하지 않은 사람들에게는 매우 난해한 분야이지만, 필자의 신(新)우주론을 전개해 나가는 데에는 이 정도의 지식이면 충분하다. 그럼, 이쯤에서 소립자에 관한 이야기를 끝내기로 하자. 우리가 주목할 점은 원자 구조의 중심에는 원자핵이 있다는 것, 그리고 원자핵 주위에는 입자로서건 파동으로서건 전자가 존재한다는 사실이다.

원자는 물질계의 기초가 되는 입자이기는 하지만, 우리가 알고 있는 각 물질의 특성은 원자 몇 개 결합하여 분자를 이룰 때 비로소 나타난다. 예를 들면, 생명체의 에너지원(源)인 산소는 산소 원자 두 개가 합쳐 산소 분자가 되었을 때 '산소'라는 물질의 고유한 특성을 갖게 된다. 우리가 호흡하는 산소는 바로 분자 상태의 산소인 것이다. 또 다른 예를 들어 보면, 산소 원자와 수소 원자는 분리되어 있으면 그냥 입자일 뿐이지만 산소 원자 1개와 수소 원자 2개가 결합하게 되면 물 분자가 된다. 지구에서 가장 중요한 물질 중 하나인 물은 모두 물 분자들이 모여 있는 것이다. 이와 같이, 분자는 물질의 고유한 특성을 갖는 최소 단위이다.

분자는 몇 종류의 원자들이 결합하여 만들어지므로, 그 종류가 매우 많고 또한 그 크기도 다양하다. 그러므로 분자는 원자의 경우와는 달리 그 표준적인 크기를 정하기가 매우 어렵다.

분자를 구성하는 원자들은 서로를 향해 진동하면서 분자 전체의 중력 중심 주위를 회전한다. 이 진동 운동과 회전 운동은 굉장히 빠른 속도로 행해지고 있는데, 이에 관해서는 뒤에 자세히 알아보기로 하겠다.

생명물질

생명체의 형성은 여러 개의 분자들이 유기적으로 결합하여 '생명물질'을 만듦으로써 비로소 그 첫 단계를 밟게 된다. 기초적인 생명물질은 고분자(高分子) 상태로 존재하는데, 지구상의 생명체는 모두 단백질, 핵산, 지방, 탄수화물 – 이 네 가지 고분자들의 조직체이다.

그러나 분자가 생명물질의 기본 단위라 해서, 분자들을 한군데 모아 둔다고 고분자가 자연히 생성되는 것은 결코 아니다. 머리도 식힐 겸 잠시 눈을 돌려 생명 발생의 신비에 대해 생각해 보는 시간을 갖기로 하자.

이 문제를 살피다 보면 미시 세계에 관한 여러 자료들과 만나게 되므로 이 글의 주제와 크게 벗어나지도 않을 것이다. 우주의 신비 못지않게 생명 발생의 신비 또한 우리를 사로잡고 있는 또 하나의 본질적인 문제이다.

생명은 자연히 생겨났는가 ?

아니면, 신(神)이 창조했는가 ?

옛날 사람들은 조물주가 하늘과 땅의 모든 것을 만들었다고 믿고 있었으나, 이런 믿음과는 별도로, 쥐나 파리 같은 작은 생물들은 땅에서 저절로 생겨나기도 한다고 믿었다. 이는 사람들이 나름대로 자연을 관찰한 결과 갖게 된 믿음이었다. 그러나 그 관찰 방법이 지극히 원시적인 데 문제가 있었다.

중세 이후 인간이 이성에 눈을 뜨고 과학의 진보가 이루어짐에 따라 자연을 관찰하는 기술도 발전했다. 그리하여 19세기 중엽 프랑스의 파스퇴르(Louis Pasteur; 1822~1895)가 현미경의 이용과 철저한 실험을 통해 생명체가 저절로 생겨날 수 없음을 증명한 뒤에야 생명의 자연발생설은 자취를 감추게 되었다. 오늘날에는 교육 받은 사람이면 누구라도 생쥐가 어미 없이 땅에서 불쑥 생겨난다는 것을 믿지 않는다. 세균 한 마리일지라도 어미 없이 저절로 생겨나지는 않는다.

그러나 생명의 자연발생설이 영영 사라진 것은 아니었다. 그 꿈은 과학이 더욱 발전함에 따라 되살아났는데, 과학적 진보가 원시적 사상을 되살렸다는 것은 커다란 아이러니이다. 되살아난 그 꿈은 그러나 어미가 있는 생명체를 다루는 것이 아니라, 아득히 먼 태초에 생겨났을 지구 최초의 생명체를 다루고 있다.

옛날에는 생물을 각 개체 단위로만 보았기 때문에, 자연발생이 가능할 법한 것으로서 생쥐나 파리 등 비교적 작은 동물들을 상정했다. 그러나 현미경이 개발됨으로써 세균과 같이 더욱 작은 생명체가 있음을 알게 되었고, 또한 모든 생물들은 세포라는 작은 구조를 기초로 하여 조직되어 있음도 알게 되었다. 이에 따라, 이제는 생명의 자연발생과 관련하여 완전한 개체를 시발점으로 삼을 필요가 없어졌다.

게다가 세포는 단백질, 탄수화물 등 더욱 작은 물질들로 이루어져 있으므로, 이런 원초적인 생명물질만 있다면 생명체는 쉽게 생겨날 수 있을 법 하지 않는가? 아무리 초보적인 것일지라도 일단 최초의 생명물질이 생겨나기만 한다면, 그 다음은 진화론에 맡겨 버리면 될 터였다.

그리하여 1920년대에 들어서, 소련의 오파린(Alexander Oparin; 1894~1980)과 영국의 홀데인(J.B.S. Haldane; 1892~1964)이 옛 신화를 부활시켜 20세기의 자연발생설을 주창하기에 이르렀다. 이것이 그 유명한 오파린-홀데인 가설이다.

참고로 요약해 보자.

수십억 년 전 지구 역사 초기에 지구의 대기는 유기 물질을 만들어내기 쉬운 물, 수소, 메탄, 암모니아 등으로 조성되어 있었다. 여기에 번개, 태양열, 화산 폭발 등의 격렬한 자극이 반복되어 필연적으로 유기화합물들이 잔뜩 생성되었다. 그 유기화합물들은 계속 불어나 멀건 죽처럼 지구 표면을 가득 덮게 되었고, 그 속에서는 화합물들 사이에 수 없는 이합집산이 거듭되었다. 마침내 어느 날 아침 혹은 밤, 초보적이고 작은 원시 생명체 하나가 조직되는 데 필요한 화합물들이 모두 우연히 정확하게 연결됨으로써 지구상 최초의 생명이 탄생하게 되었다는 스토리이다.

최초의 탄생 이후의 과정은 우리가 익히 알고 있는 다윈(Charles Darwin; 1808~1882)의 진화론을 따르면 된다. 즉, 물고기가 뭍으로 올라와 길짐승이 되고, 마지막으로 원숭이를 닮은 유인원이 사람으로 되는 것이다.

파스퇴르의 성공적인 실험으로써 생명의 자연발생설은 한때 자취를 감추었지만, 이 설에 미련을 품고 있던 사람들은 많았다. 만약 생명이 자연히 생겨날 수 없다면 신에 의한 창조를 받아들일 수밖에 없는데, 천지창조설을 용인할 수 없는 사람들에게 그것은 크나큰 딜레마였다. 이런 사람들에게 오파린-홀데인 가설은 복음과도 같은 것이어서 큰 지지를 받았다.

여기에 이 가설을 뒷받침하는 실험 결과가 발표되어 세계적으로 큰 센세이션을 일으키게 되었으니, 유명한 유리-밀러 실험이 바로 그것이다.

1952년, 미국의 스탠리 밀러(Stanley Miller; 1930~ 2007)와 해럴드 유리(Harold Urey; 1893~1981)는 간단한 실험으로 생명체의 기초가 될 수 있는 유기물질의 합성에 성공했는데, 그 실험 과정은 다음과 같다.

물이 담긴 시험관 속에 원시 지구의 대기라고 추측되는 것과 같은 비율로 메탄, 암모니아 및 수소 기체를 채운 뒤 물을 끓인다. 수

증기가 발생하여 기체와 혼합되면 이 혼합 기체를 2개의 전극 사이로 통과시킨다. 이 때 전극 사이에 높은 전압을 걸면 전기 방전이 일어나고, 이를 촉매로 하여 혼합 기체로부터 유기화합물이 생성된다.

이와 같은 실험을 일 주일 동안 계속한 후 합성된 물질을 분석한 결과 13가지의 화합물들이 확인되었는데, 그 중 여섯 가지가 아미노산이었다. 아미노산은 '생명물질'인 단백질의 기초 단위이다. 따라서 이 실험 결과는 생명의 자연발생설을 뒷받침하는 것으로 해석되어 세상에 널리 알려지게 되었다.

그러나 생명발생의 문제는 그렇게 간단하지가 않다. 아미노산은 단백질을 구성하는 분자일 뿐, 그 자체가 생명물질은 아니다. 고분자인 단백질 분자 한 개가 만들어지기 위해서는 수많은 아미노산 분자들이 유기적으로 결합되어야만 한다.

자연계에는 100여 종의 아미노산이 존재하지만, 단백질의 합성에 사용되는 아미노산은 20여 종뿐이다. 또, 각 아미노산에는 거울에 비친 것과 같이 똑같은 구조를 갖는 쌍둥이가 있는데, 말하자면 왼손잡이 아미노산과 오른손잡이 아미노산이 있다. 그런데 자연은 신묘하게도 단백질을 합성하는 데 모두 왼손잡이 아미노산만을 사용한다.

전형적인 단백질 분자 한 개를 구성하려면 20여 종의 아미노산 분자 200개 정도가 유기적으로 연결되어야 한다. 그런데 199개의 왼손잡이 아미노산이 잘 연결되었다 하더라도, 단 한 개의 오른손잡이가 끼어들면 아무 짝에도 쓸모없는 무기물에 지나지 않게 된다.

그럼, 200개의 아미노산을 갖는 전형적인 단백질 분자 한 개가 우연히 합성될 수 있는 확률을 구해 보자.

이 확률 계산은 미국의 화학자 로버트 샤피로(Robert Shapiro; 1935~)의 저서 '닭이냐 달걀이냐 (원제: Origins)' 중 '확률 놀이' 편을 참고로 한다. 그러나 여기서는 샤피로 박사보다 훨씬 관대하게, 우리가 지구상에서 가정할 수 있는 모든 조건들을 최대한 호의적으로 설정하고 계산해 보겠다.

문제를 간단하게 하기 위해 20종의 왼손잡이 아미노산이 완비된 상태를 가정한다. 한 아미노산이 20종의 아미노산 분자들 중에서 자기에게 맞는 짝을 찾을 확률은 20분의 1이다. 이 확률은 200개의 아미노산 분자 모두에 적용되므로, 단백질 분자 한 개가 우연히 합성될 확률은 20분의 1을 200승(乘)해 주어야 한다.

$(1/20)^{200} \cong (1/10)^{260}$

즉, 그 확률은 10^{260}분의 1이다.

물론 단백질에는 많은 종류가 있어서 그 중 아무 단백질이나 합성될 확률은 이 값보다 분명히 높아지기는 하겠지만, 10^{260}분의 1이라는 확률을 고려할 때 그 차이는 무시해도 좋을 만큼 극히 미미하다. 자연계에는 아미노산 외의 분자도 많고, 아미노산이라 하더라도 오른손잡이는 단백질을 조직하는 데 아무런 쓸모가 없으므로, 현실적으로 단백질 분자 한 개가 저절로 합성될 확률은 그것을 계산하는 것 자체가 무의미할 정도로 아주 낮다.

어찌어찌하여 단백질 분자 한 개가 생성되었다고 하더라도 그것이 곧 생명체가 될 수도 없다. 세포 내에서 현실적인 생명 작용을 수행하는 물질들, 즉 미토콘드리아, 리보솜, 마이크로튜블, 염색체 등 세포소기관(細胞小器官)들은 또 수많은 단백질, 핵산 등 고분자들이 결합된 것이기 때문이다.

이런 식으로 따져보면 하나의 생명체가 저절로 탄생할 확률은 상상할 수 없을 정도로 희박하여, 그것을 계산한다는 것은 별 의미가 없다.

10^{200}분의 1이란 확률이 얼마나 희박한 것인지 언뜻 와닿지 않는 분들도 계시리라. 실제 이 수치가 뜻하는 바를 한번 알아보는 것도 생명 발생의 문제를 객관적인 시각으로 대하는 데 도움이 될 것이라고 생각한다.

유리-밀러 실험은 원시 지구의 대기에서 번개 등의 자극으로 아미노산이 자연 합성될 수 있었다는 것을 보여 준다. 이제 이 실험을 원시 지구에서 계속한다고 가정해 보자.

모든 조건은 최대한 호의적으로 설정하자. 오랜 기간에 걸쳐 엄청난 아미노산 분자들이 자연 합성되어, 지구 표면 전체에 깊이 10km의 아미노산 바다가 형성되었다고 상상하자. 게다가 이 바다에는 단백질 합성에 사용되는 20가지의 왼손잡이 아미노산만이 가득 차 있을 뿐, 다른 물질은 일체 없다. 이제 지구의 전 역사라 할 수 있는 50억 년 동안 이 바다의 모든 곳에서 단백질 합성 실험을 한다고 가정해 보자.

대표적 단백질의 하나인 콜라겐 분자는 지름 15옹스트롬, 길이 2,900옹스트롬 정도이며, 대략 2,000개의 아미노산으로 만들어져 있다. 콜라겐 분자의 부피를 구하면 대략 $6.5 \times 10^{-19} \text{cm}^3$이다. 그럼 200개의 아미노산으로 이루어진 전형적인 단백질 분자 1개의 부피는 그 10분의 1인 $0.65 \times 10^{-19} \text{cm}^3$ 정도라고 할 수 있다.

지구의 표면적은 $5.1 \times 10^8 \text{km}^2$, 즉 $5.1 \times 10^{18} \text{cm}^2$이다. 이 면적 위에 깊이 10km, 즉 10^6cm의 아미노산 바다를 만든다면, 그 총 체적(體積)은 $5.1 \times 10^{24} \text{cm}^3$가 된다.

이와 같은 아미노산 바다를 단백질 분자 한 개의 부피에 해당하는 실험실로 나누면, 총 8×10^{43}개의 실험실을 만들 수 있다. 이 모든 실험실에서 1초에 한 번씩 번개를 때리든가 다른 자극을 주어 단백질을 합성하는 실험을 해보자. 그리고 이 실험들을 거듭하여 지구 역사 50억 년 동안, 즉 1.5×10^{17}초 동안 계속한다고 가정해 보자.

그러면 총 실험 횟수는,
$(8 \times 10^{43}) \times (1.5 \times 10^{17}) \fallingdotseq 10^{61}$회

이상과 같이 우리가 생각할 수 있는 최선의 조건을 상정했는데도 불구하고 수행할 수 있는 실험 횟수는 '겨우' 10^{61}회에 불과하여 10^{260}분의 1이라는 확률을 충족시키기에는 까마득하게 모자란다. 확률적으로만 생각해 볼 때, 지구상에서 생명이 우연히 탄생할 가능성은 거의 없어 보인다.

 생명의 자연발생이 없었다면 '진화'도 없다. 그러나 현실적으로 지구상에는 수많은 다양한 생명체들이 존재한다. 이들은 모두 어디서 왔단 말인가? 우리는 다시 신에 의한 창조를 받아들여야만 하는가?
 치열한 투쟁 끝에 진화론이 득세한 이후 창조론은 학교의 교과서에서 사라지고 오직 종교적 의미만 유지하게 되었다. 과학이 미미했던 미개한 시대에는 종교가 학문을 지배할 수 있었으나, 인간의 과학이 상당한 수준으로 발전하자 종교의 영향력은 급속히 쇠퇴했다. 진화론의 성(城)이 너무나 견고한 데 절망한 일부 종교계는 천지창조의 과정을 진화론과 결부시켜 해석하기도 했다.
 그러나 정말 아이러니컬하게도 현대 과학의 발전이 가속화되자 재기불능으로 보였던 창조론이 되살아났다. 컴퓨터 성능의 획기적인 향상에 힘 입어 과거에는 접근이 불가능하게 여겨졌던 많은 사실들이 밝혀진 데 따른 결과였다.
 과학자들은 세포내 생명물질들이 수많은 분자 부품들로 이루어진 극도로 정교한 기계 장치임을 알게 되었다. 진화의 가장 밑바닥에 있을 아메바와 같은 단세포 생명체나 심지어는 바이러스 조차도 완벽한 분자 기계 장치들로 이루어져 있다. 이런 정교한 분자 기계들은 모두 완성된 형태로 각기 목적에 맞게 기능하고 있으므로, 이것들이 진화에 의해 다른 장치로 변한다는 것은 있을 수 없는 일이다. 왜냐하면 하나의 부품이라도 손상되거나 빠져버리면 그 장치는 작동을 하지 못하기 때문이다.

    지구상에 존재하는 모든 생명체들은 현재 그 모습 그대로 완성된 상태이며, 어느 하나라도 다른 종의 생명체로 진화할 가능성은 없다. 즉, 지구상에서 더 이상 진화는 없는 것이다. 진화론이 진실이라면, 앞으로 얼마나 더 지속될지 모를 무한의 시공 속에서 오직 지구에서만 진화가 종료되었다는 것은 너무나 이상한 이야기가 아닐 수 없다.

    생명을 분자 수준에서 이해하게 된 많은 과학자들은 진화론을 내던졌다. 생명체의 분자 기계들은 너무나 정교하게 만들어져 있고 또 작동하고 있어서 그것들이 우연에 의해 저절로 형성된다는 것은 전혀 불가능한 일임을 이해했기 때문이었다. 그런 우연은 일어날 수가 없다. 시계를 분해해서 그 부품들을 주머니에 넣고서 아무리 오래 흔들어 본들 그것들이 저절로 시계로 조립되지는 않는다. 백만 년, 천만 년, 아니 몇 억 년을 흔든다 하더라도 마찬가지일 것이다. 간단한 시계 조차도 그럴진대, 그보다 엄청나게 더 복잡한 분자

기계들의 경우는 말할 나위도 없다.

그렇다면 누군가가 어떤 목적을 갖고 그것들을 의도적으로 만들었다고 볼 수밖에는 없을 것이다. 많은 과학자들은 지구상의 생명체들이 어떤 지적 존재에 의해 설계되고 만들어졌다고 믿고 있다. 그렇지 않고서는 생명체의 구조와 기능의 근원을 달리 설명할 수 없기 때문이다. 이렇게 현대 과학에 의해 되살아난 창조론을 '지적설계론(Intelligent Design Theory)'이라 한다.

물론 이 새로운 사조를 가장 반기는 곳은 종교계이다. 종교인들은 그 설계자가 당연히 그들이 받들어 온 신(神)이라고 믿는다. 그러나 신의 시대는 이미 다윈에 의해 저물었다. 많은 과학자들은 그 설계자가 외계에서 온 지성체였으리라고 추측한다.

우주는 광대하다. 우리가 보는 우주 속에는 각기 3,000억 개의 별을 갖는 은하들이 3,000억 개 이상 존재한다. 은하계 한 귀퉁이에 초라하게 박혀 있는 보잘것없는 태양의 일개 행성인 지구에 다양한 생명체가 존재한다면, 저 광대무변한 우주에는 생명체들이 살고 있는 다른 별들이 수없이 많을 것이다.

그리고 그런 생명체들 중 어떤 종(種)은 우리 인간보다 뛰어난 과학 문명을 오래 전에 이루었을 수도 있을 것이다. 그들이 먼 옛날 지구에 와서 생명체들을 창조했다는 이론이 '외계지성체에 의한 창조론'이다. 필자는 이 이론을 지지한다.

생명발생에 관한 문제는 독립된 또 하나의 심각한 주제이므로 여기서는 이 정도로 줄이고, 원래의 흐름으로 돌아가기로 하자.

200개 정도의 왼손잡이 아미노산 분자들이 유기적으로 결합하여 기본적인 '생명물질'의 하나인 단백질을 만든다. 이렇게 합성된 단백질, 핵산, 지방, 탄수화물 등의 고분자들이 또 무수히 결합하여 세포 내의 소기관(小器官)들인 핵, 미크로튜블, 미토콘드리아, 리보솜, 염색체 등을 만드는 것이다.

짝짓기

 거시 세계와 미시 세계가 무한중첩 구조로써 이어지는 것이 진실이라면, 거시 세계를 구성하는 요소들과 미시 세계에서 그것들에 대응하는 요소들을 찾아 내어 그 크기를 비교할 경우, 그 짝들 사이의 비(比)는 모두 동일한 값을 나타낼 것이다.

 역으로, 우리가 양 세계의 대응 요소들의 크기를 비교하여 모든 짝들이 동일한 비를 갖는 것을 확인한다면, 양 세계는 무한중첩 구조로 연결되며 본질적 동일성을 갖는다고 말할 수 있을 것이다.

 그러므로 이 문제에 접근하기 위해서는 우선 양 극단의 두 세계를 비교하여 대응 요소들을 찾아 내야 한다. 그럼, 우선 양 세계의 단계적 구조를 한번 정리해 보자.

 거시 세계: 태양(별) – 은하핵 – 은하 – 은하군 – 은하단
   – 초은하단 – 우주 – (거대한 존재)

미시 세계: 소립자 - 원자핵 - 원자 - 분자 - 고분자
　　　　 - 세포소기관 - 세포 - (사람)

　독자 여러분은 양 세계가 위에 정리한 그대로 대응하는 것을 앞으로 확인하게 될 것이다. 그러나 이 체계를 더 탐구하기 전에 다른 방향으로도 한번 검토해 보기로 하자.
　그럼, 위에 말한 체계는 일단 무시하자. 우리들이 미시 세계와 거시 세계 사이에서 서로 대응할 것 같은 요소를 찾아보려고 할 때, 제일 먼저 우리 머리에 떠오르는 것은 바로 원자와 태양계이다. 그것은 원자핵의 주위를 전자가 돌고 있는 고전적인 원자 모델이 아직도 널리 통용되고 있기 때문일 것이다. 이런 원자 모델은 행성들이 태양 주위를 도는 태양계의 모습과 매우 흡사하다.
　이 생각을 자세히 분석해 보자.
　만약 태양이 원자에 대응한다면, 그 상위 구조인 은하는 미시 세계의 어느 것에 대응할까? 태양과 같은 별들이 수천억 개 모여 하나의 은하를 형성하므로, 은하의 규모는 태양에 비해 엄청나게 더 크다. 따라서, 은하는 원자가 몇 개 결합된 분자 정도에는 대응할 수 없고, 굳이 찾자면 세포와 어울릴 만하다. 분자와 세포 사이에 있는 다른 구조들은 우선 그 외모부터 은하와 전혀 닮아 있지 않다. 은하들은 대개 둥근 형태로 그 크기가 비슷비슷한데, 이 기준에 어울리는 것은 세포뿐이다. 과연 은하가 세포에 대응할지 어떨지는 은하 상호 간, 그리고 세포 상호 간의 거리를 생각해 보면 알 수 있다.

세포의 반지름은 대략 5미크론(= 5 × 10^{-4}cm) 내지 50미크론(= 5 × 10^{-3}cm) 정도이고, 세포들 사이의 간격은 150옹스트롬(= 1.5 × 10^{-6}cm) 내지 200옹스트롬 정도 된다. 이 간격은 세포 반지름의 약 1,000분의 1에 상당한다.

한편, 은하들 사이의 평균 간격은 약 200만 광년이며, 은하가 밀집한 은하단 내에서는 그 간격이 30만 광년 정도이다. 즉, 이 간격은 은하의 평균 반지름인 3만 광년의 10배 내지 70배에 달하는 거리이다.

태양이 원자에 대응한다고 가정하면 은하는 세포에 대응하게 되는데, 이 경우 은하 상호 간의 간격과 세포 상호 간의 간격은 비교도 할 수 없을 만큼 큰 차이를 보인다. 그러므로 이 가정은 옳지 않다.

그뿐 아니라, 원자 상호 간의 간격과 별 상호 간의 간격도 엄청나게 다르다. 조직체 속에서 원자들은 자기 지름의 한두 배 정도의 간격을 두고 결합된다. 그러나 은하라는 조직체 속에서 별들은 서로 수 광년씩 떨어져 있는데, 이 간격은 별의 평균 지름 100만 킬로미터의 수천만 배나 된다.

이로써 태양이 원자에 대응할지도 모른다는 생각은 철저하게 부정되었다.

그 외에 달리 또 대응시킬 만한 요소들이 있을까?

필자가 여러 모로 맞추어 보았지만 달리 마땅하게 짝지을 방법이 없었다. 이 문제로 더 이상 지면을 낭비하지 말고 필자가 정리한 체계로 돌아가자.

필자가 정리한 양 극단 세계의 체계를 우리들이 갖고 있는 지식으로써 주의 깊게 살펴보면, 각 단계에서 대응하는 짝들의 특징은 너무나 뚜렷하여 그냥 그대로 잘 어울리는 것을 느낄 수 있다. 그러나 느낌만으로는 논리가 성립되지 아니하므로, 각 단계마다 상호 크기 비를 계산하여 모두 동일한 값을 보이는지 확인하지 않으면 안 된다.

그러면 양 극단의 세계에서 비교적 용이하게 비교할 수 있는 요소들부터 골라 내어 먼저 계산해 보기로 하자.

양 세계에서 그 크기가 잘 관측되어 있고 또 비교가 가능하도록 일정한 범위 내에 분포하는 것으로는 거시 세계에서 은하, 은하핵, 우주를 들 수 있고, 미시 세계에서는 원자, 원자핵, 세포 등을 들 수 있다.

우선 이 세 쌍부터 시작해 보기로 한다.

10배의 편차

 그런데 물질계를 살펴보면, 모든 요소들의 크기가 특정한 단일의 값을 갖는 것이 아니라 어느 정도의 범위 내에 분포되어 있음을 알 수 있다. 따라서, 대응 요소들을 비교하기 위해서는 각 요소의 평균치를 사용하거나 혹은 학자들이 통상적으로 인정하는 수치를 사용할 수밖에 없다. 이와 같은 비교는 방정식을 푸는 것과는 달라서, 각 요소들의 평균치로써 계산하고 소정의 편차(偏差)를 인정해 준다면 큰 무리가 없을 것이다.
 필자와 토론한 어떤 학자는, 확정된 값을 갖지 않는 요소끼리 비교하는 것은 그 자체부터 비논리적이기 때문에 결과가 아무리 그럴듯하게 나오더라도 아무 의미가 없다고 지적했다.
 그러나 필자는 그분의 견해가 부정을 위한 부정에 지나지 않는다고 생각한다. 왜냐하면, 우주에는 확정적인 단일의 크기를 갖는 물체가 존재할 수 없기 때문이다. 아무리 동종(同種)의 물체끼리라 하더라도, 소수점 밑으로 계속 따져 가면 그 크기는 반드시 달라지게 마련이다.

만약 단일의 값을 갖지 않는 것의 계산이 무의미하다면 집합론, 확률론, 양자론 같은 것은 아무런 가치가 없는 학문이라는 이야기가 된다.

필자는 크기가 조금씩 다른 어떤 무리(群)에 관한 계산을 함에 있어서는 그 무리에 속한 것들의 평균치를 취하여 계산하고 그 결과에 적절한 편차를 용인하는 방법이 정당한 논리성을 갖는다고 판단한다. 독자 여러분도 이와 같은 상식적인 취지에 동감하리라고 기대하는 바이다.

앞에서 먼저 고른 세 쌍의 크기를 대강 살펴보면, 은하 반지름과 세포 반지름의 분포 범위가 약간 넓은 것을 알 수 있다. 은하들의 크기는 다양하고, 세포들 또한 그렇다. 그러나 그것들 중 아주 큰 것은 아주 작은 것보다 5배 내지 10배 정도 더 크다. 그러므로 계산 결과에 10배 정도의 편차를 용인하기로 한다면, 어느 은하 또는 세포를 택해 계산하더라도 대개 허용 편차 안에 들어가게 된다.

원자와 은하

 필자는 이 책을 쓰는 데 필요한 자료를 주로 대영백과사전에서 찾았다. 그러므로 관련 부분을 영문으로 인용하고 필자의 번역을 붙이겠다.

 미시 세계와 거시 세계의 대응 요소들 중에서 첫번째로 원자와 은하의 크기를 비교해 보기로 하자. 원자 반지름은 1옹스트롬(Å)으로 표시된다. 1옹스트롬은 1억분의 1센티미터, 즉 10^{-8}cm이다. 원자 반지름은 미시 세계의 기본적인 자료이므로 재론의 여지가 없다. 그러나 은하 반지름은 조금 까다롭다.

 필자가 소장하고 있는 대영백과사전 제7권 'Galaxies, External(외부 은하)' 편을 보면 다음과 같이 쓰여 있다.

 Diameters of galaxies are measured generally in tens of thousands of light-years.
 "은하들의 지름은 보통 수만 광년으로 관측된다."

우리 은하계의 지름이 약 10만 광년이라는 것은 잘 알려진 사실이다. 그리고 많은 과학 서적에는 "은하들의 지름은 대개 2만 광년에서 10만 광년 사이에 분포하고 있다." 라고 적혀 있다.

이상을 종합할 때, 은하의 평균 지름을 5만 내지 6만 광년으로 보면 큰 오차는 없을 것이다. 그러므로 은하의 평균 반지름으로는 3만 광년을 택하기로 한다.

원자와 은하의 크기를 비교하기 위해서는 사용 단위를 통일시킬 필요가 있으므로, 둘 다 킬로미터로 표시하기로 한다.

원자 반지름 10^{-8}cm를 킬로미터 단위로 바꾸려면,
1km = 1,000m = 100,000cm = 10^5cm 이니까,
10^{-8}cm를 10^5으로 나누면 된다.

멱을 나눌 때에는 10의 어깨에 붙은 수를 빼 준다.
$10^{-8} \div 10^5 = 10^{-8-5} = 10^{-13}$

즉, 원자 반지름은 10^{-13}km이다.

이번에는 은하 반지름 3만 광년을 킬로미터 단위로 표시해 보자. 3만 광년은 빛이 초속 30만 킬로미터로 3만 년 동안 달리는 거리이다. 그러므로 3만 년을 초 단위로 환산한 뒤, 30만 킬로미터를 곱하

면 된다.

3만 광년 = 30,000(년) × 365(일) × 24(시간) × 60(분)
　　　　 × 60(초) × 300,000km
　　　 = 2.84 × 10^{17}km

즉, 은하의 평균 반지름은 2.84 × 10^{17}km이다.

이제 원자 반지름과 은하 반지름의 비를 계산한다.
원자 반지름 : 은하 반지름 = 10^{-13}km : 2.84 × 10^{17}km

여기서 원자 반지름을 1로 하고 은하 반지름을 q로 두면,
1 : q = 10^{-13} : 2.84 × 10^{17}

이 식에서 안쪽 항끼리 곱한 것은 바깥 항끼리 곱한 것과 같다.
q × 10^{-13} = 2.84 × 10^{17}

따라서,
q = (2.84 × 10^{17}) ÷ 10^{-13} = <u>2.84 × 10^{30}</u>

원자 반지름을 1로 했을 때,
<u>원자 반지름 : 은하 반지름 = 1 : 2.84 × 10^{30}</u>

이 계산 결과는 [사람 : 부처]의 값에 나타난 10^{30}을 포함하고 있다. 그러나 그 의미를 평가하기에는 아직 이르다.

원자핵과 은하핵

다음은 원자핵과 은하핵의 크기를 비교할 차례이다.

원자의 중심에는 원자핵이 있고, 그 주위를 전자들이 돌고 있다. 원자핵의 반지름이 원자 반지름의 10만분의 1에 불과하다는 것은 잘 알려져 있는 사실이다. 원자핵은 이처럼 작지만, 원자 전체 질량의 99.95%가 여기에 집중되어 있다. 우리가 원자 내부를 직접 볼 수 있다면 단지 원자핵만 보일 것이다. 전자는 그 크기가 원자핵의 천만분의 1밖에 되지 않는데다 핵 주위를 빠르게 돌고 있어서 아예 보이지도 않을 것이다.

단일 원자로 이루어진 금(金)의 내부를 들여다 본다고 가정해 보자. 원자핵을 반지름 1센티미터 크기의 구슬에 비유하면, 바로 옆에 있는 원자핵까지의 간격은 20만 센티미터, 즉 2킬로미터가 된다. 빽빽한 물질 덩어리로만 보이는 금은 실은 십 리 길의 반마다 작은 구슬 하나씩을 떨어뜨려 둔 것과 같은 구조를 갖고 있는 것이다. 우리가 살고 있는 물질 세계의 실상은 이처럼 공허(空虛)하다.

원자핵의 반지름은 원자 반지름의 10만분의 1이므로,
원자핵 반지름 = 10^{-8}cm $\times$ 10^{-5} = 10^{-8-5}cm = 10^{-13}cm

다음은 은하핵의 크기를 알아보기로 한다.

은하에도 핵(核)이 있는가? 이에 대하여 잘 모르는 독자도 있을 것이다. 은하는 핵을 가지고 있다. 그리고 놀랍게도 그 크기는 은하 지름의 십만분의 1 정도이다.

필자는 신(新)우주론을 연구하기 전까지 은하의 핵이 어느 정도 크기인지 알지 못했다. 은하도 핵을 가지고 있다는 정도의 지식 외에는 크기 같은 것은 관심 밖의 일이었다. 그러나 필자가 우주의 무한중첩·연속적 구조에 매혹되어 참고 자료들을 섭렵하던 중, 은하핵의 크기가, 원자 내부의 원자핵 크기와 같이, 은하 지름의 십만분의 1 정도라는 것을 알게 되고서는 신(新)우주론이 현실화되리라는 예감을 갖게 되었다.

대영백과사전 제7권 'Galaxy, The(은하계)' 편에서 이와 관련된 대목을 인용해 보자. 제4장 'Galactic structure and dynamics(은하계의 구조와 역학)'에 다음과 같은 내용이 수록되어 있다.

The most striking radio source near the centre is nonthermal. It is situated very close to the dynamical centre of the Galaxy and may well be the centre. The source contains a sharp nucleus with a diameter less than five seconds of arc(0.2 parsec).

"비열역학적(非熱力學的) 에너지를 갖는 가장 강력한 전파원(電波源)이 중심 가까이에 있다. 그것은 은하계의 역학적(力學的) 중심에 매우 가깝게 위치하고 있으며, 아마 그 곳이 중심일 것이다. 그 전파원은 지름이 0.2파섹(= 0.65광년)보다 작은 선명한 핵을 지니고 있다."

이 대목의 핵심은, 은하계 중심에는 은하핵이 있으며 그 지름은 0.65광년보다 작다는 것이다. 은하계의 지름이 약 10만 광년이니까, 은하핵의 크기는 은하계 지름의 10만분의 1 이하라는 이야기이다.

은하핵의 크기에 대한 간접적인 고찰은 퀘이사(quasar)를 통해 해볼 수도 있다.

퀘이사는 매우 밝은 빛과 강력한 전파를 발산하고 있는 데 반해 그 크기가 너무나 작은 천체이다. 그런 까닭에 처음 발견되었을 때에는 준성(準星), 즉 별과 비슷하게 생긴 천체일 것으로 추측되어 준성 전파원(quasi-stellar radiosource)이라는 이름이 붙여졌다. 퀘이사라는 명칭은 준성의 영문자를 줄인 것이다. 가장 가까운 퀘이사도 우리에게서 10억 광년 이상 떨어져 있다.

퀘이사는 크기가 매우 작으면서도 일반 은하보다 100배나 밝다. 퀘이사로부터 발산되는 빛의 변화를 관측하면 크기를 대강 가늠해 볼 수 있는데, 퀘이사의 지름은 1광년을 넘지 않는 것으로 추측된다. 그런데 이토록 작은 천체가 어떻게 그렇게나 밝을 수 있을까?

최근의 관측으로 퀘이사 주위에 희미한 은하의 모습이 나타나 있는 것이 확인되었다. 즉, 퀘이사는 격렬하게 활동하고 있는 은하의 핵이었던 것이다. 그것이 너무나 강력한 빛을 내고 있기 때문에, 주위의 다른 형태는 그 빛에 가려 잘 보이지 않았을 따름이었다.

퀘이사의 경우에서 보더라도 은하핵의 지름은 1광년보다 작다는 것을 알 수 있다. 따라서, 은하핵의 크기로서는 우리 은하계 핵의 지름을 기준으로 하는 것이 무난하다. 은하계 핵의 지름이 0.65광년이라면 은하핵의 실제적인 평균 지름에 아주 가까운 값이 될 것으로 판단된다.

그러면 원자핵과 은하핵의 크기를 비교해 보기로 하자. 비교를 위해 둘 다 킬로미터 단위로 표시한다.

원자핵의 반지름은 10^{-13}cm이다. 1km = 10^5cm이므로,
$10^{-13} \div 10^5 = 10^{-13-5}$km = 10^{-18}km

은하핵의 지름이 0.65광년이면 반지름은 약 0.33광년이다.
0.33광년 = 0.33(년) × 365(일) × 24(시간) × 60(분) × 60(초)
      × 300,000km
  = 3.12 × 10^{12}km

따라서,
원자핵 반지름 : 은하핵 반지름 = 10^{-18}km : 3.12×10^{12}km

원자핵 반지름을 1로 하고, 은하핵 반지름을 q 로 두면,
1 : q = 10^{-18} : 3.12×10^{12}

안쪽 항끼리의 곱은 바깥쪽 항끼리의 곱과 같으므로,
q $\times 10^{-18}$ = 3.12×10^{12}
q = $(3.12 \times 10^{12}) \div 10^{-18}$
　= $3.12 \times 10^{12+18}$
　= $\underline{3.12 \times 10^{30}}$

즉, 원자핵 반지름 : 은하핵 반지름 = 1 : 3.12×10^{30}

　필자가 예상한 대로 10^{30}의 상수(**常數**)를 갖는 깨끗한 결과가 나왔다. 이제 10^{30}이라는 수가 내포하는 뜻이 점점 드러난다.

세포와 우주

이번에는 세포와 우주를 비교할 순서이다.

모든 생물의 기본 단위는 세포라고 정의할 수 있으며, 인간의 몸 또한 약 60조 개의 세포로 구성되어 있다. 세포는 세포막으로 둘러싸여 있고, 그 내부에는 원형질이라고 하는 물질이 가득 차 있다. 원형질은 세포핵, 미토콘드리아, 미크로튜블, 리보솜, 염색체 등 다양한 물질을 포함하고 있다.

세포의 크기에 관해 대영백과사전 제3권 'Cell and cell division (세포와 세포 분열)' 편에 수록되어 있는 내용을 옮겨 보자.

All eucaryotic cells can be thought of as spheres with diameter ranging from about 10 to 100 microns. Few are smaller. Larger ones can be considered as specialized cases.

"모든 진핵(眞核) 세포는 그 지름이 약 10미크론(= 0.001cm)에서 100미크론(= 0.01cm) 사이에 분포하는 구체(球體)라고 생각할 수 있다. 그보다 더 작은 것은 거의 없으며, 더 큰 것은 특별한 경우라고 간주할 수 있다."

세포의 크기는 일반적으로 미크론 단위를 쓰는데, 1미크론은 100만분의 1미터이고 센티미터로 표시하면 0.0001cm이다.

고등 생물에 속하는 일반적인 동식물의 세포는 진핵 세포이며, 그 크기는 지름 10미크론 내지 100미크론 정도이다. 사람 세포의 지름은 평균 17미크론 정도이고, 고등 식물 세포는 젊은 것이 5 내지 24미크론이며, 성숙한 것은 15 내지 66미크론 정도이다.

그런데 우리 우주를 그 속에 포함하는 거대한 존재가 실제로 무엇인지 현재로서는 전혀 알 수 없기 때문에, 어떤 종류의 세포를 택하여 비교 대상으로 삼을 것인가를 결정하기란 어려운 일이다. 심정적으로는 사람의 세포를 선택하고 싶기도 하지만, 생명체가 유독 사람뿐만이 아니기 때문에 그렇게 할 수는 없다.

그러므로 세포의 일반적 분포 범위인 10 내지 100미크론에서 그 중간쯤 되는 50미크론을 세포의 평균 지름으로 정하는 것이 가장 합리적이라고 생각된다. 이렇게 하면 우리 우주를 포함하는 거대한 존재가 무엇이든 간에 큰 오차는 피할 수 있을 것이며, 또 지름 50미크론이라면 어떤 종류의 세포라 하더라도 10배의 편차 내에 충분히 들어가게 된다.

우주의 크기는 학자에 따라 약간씩 다르게 주장되기도 한다. 우주배경복사가 발견되기 전에는 우주의 범위를 무한정으로 상상해 볼 수도 있었다. 그러나 이제 모든 방향에서 거의 균일한 강도로 관측되고 있는 우주배경복사는 우주의 범위를 일정한 한계 내에 제한시키는 역할을 하고 있다. 그러므로 우주의 반지름으로는 오늘날 과학계의 통설인 150억 광년을 택하면 별 문제가 없을 것이다.

실제의 우주 크기는 다소 다를 수도 있겠지만, 10배의 편차를 허용하기로 한 것을 고려하면, 150억 광년이란 상당히 타당한 크기로 볼 수 있다.

그럼, 세포와 우주의 크기를 앞에서와 같은 방법으로 비교해보자.

세포의 지름으로 50미크론을 택했으니까 그 반지름은 25미크론이 된다. 1미크론은 100만분의 1미터, 즉 10^{-6}m 이므로 이를 킬로미터 단위로 바꾸면 10^{-9}km 이다. 따라서, 세포 반지름 25미크론은 25×10^{-9}km가 된다. 여기서 25를 2.5로 바꾸면 2.5×10^{-8}km로 표시된다.

우주 반지름 150억 광년이란 빛의 속도로 150억 년 동안 달려야 하는 거리이다. 엄청나게 큰 숫자가 나오겠지만 계산은 단순하다.

$$150억\ 광년 = 15,000,000,000(년) \times 365(일) \times 24(시간)$$
$$\times 60(분) \times 60(초) \times 300,000\text{km}$$
$$= 1.42 \times 10^{23}\text{km}$$

이제 세포 반지름과 우주 반지름의 비를 계산한다.

세포 반지름 : 우주 반지름 = 2.5×10^{-8} km : 1.42×10^{23} km

여기서 세포 반지름을 1로 하고 우주 반지름을 q로 두면,

1 : q = 2.5×10^{-8} : 1.42×10^{23}

안쪽 항끼리의 곱은 바깥쪽 항끼리의 곱과 같으므로,

q $\times (2.5 \times 10^{-8}) = 1.42 \times 10^{23}$

q $= (1.42 \times 10^{23}) \div (2.5 \times 10^{-8})$

   $= (1.42 \div 2.5) \times 10^{23+8}$

   $= 0.568 \times 10^{31}$

   $= \underline{5.68 \times 10^{30}}$

즉,

<u>세포 반지름 : 우주 반지름 = 1 : 5.68×10^{30}</u>

세 번째 계산 결과 역시 기대한 대로 10^{30}의 상수를 갖는 것으로 나타났다. 10^{30}이라는 수는 이제 결코 가벼이 볼 수 없는 지위를 획득했다.

반복되는 10^{30}

 이야기를 더 진행하기 전에 지금까지의 내용을 간략하게 정리해 보자.

 우주는 무한중첩 구조를 갖는다. 우리가 관측하고 있는 반지름 150억 광년의 우주는 어떤 거대한 생명체 내부의 극히 작은 부분에 지나지 않으며, 이와 같은 우주는 무수히 많다. 그리고 그 모든 우주들을 포함하는 거대한 존재의 하늘에는 다시 무한의 우주가 펼쳐진다.

 역으로 생각하여, 나의 몸 속에는 아주 작은 생명체들이 사는 작은 세계들이 무수히 들어 있다. 그들은 나 자신을 거대한 신과 같은 존재로 여기며 살고 있다. 그리고 그 작은 생명체의 내부에는 더욱 작은 세계가 무한하게 연속된다.

 애초 이것은 하나의 종교적 혹은 철학적 아이디어에 지나지 않았으나, 이를 구체화시킬 단서가 불교 경전에서 발견되었다.

 서로 다른 크기를 갖는 두 물체의 동일성을 입증하기 위해서는 두 물체 사이에서 대응하는 요소들의 크기 비가 모두 동일함을 증명하면 된다. 그래서 거시 세계와 미시 세계에서 서로 대응하는 요소들을 결정하고, 객관적인 자료들을 사용하여 그것들의 크기를 비교해 본 결과, 대응 요소 간에는 모두 10^{30} 이라는 비례상수가 내재되어 있음을 확인할 수 있었다.

다음은 지금까지의 계산 결과를 요약한 것이다.

사람 : 부처 = 1m : 1.28 × 10^{27}km
     = $\underline{1 : 1.28 \times 10^{30}}$
원자 반지름 : 은하 반지름 = 1옹스트롬 : 3만 광년
     = $\underline{1 : 2.84 \times 10^{30}}$
원자핵 반지름 : 은하핵 반지름 = 10^{-13}cm : 0.33광년
     = $\underline{1 : 3.12 \times 10^{30}}$
세포 반지름 : 우주 반지름 = 25미크론 : 150억 광년
     = $\underline{1 : 5.68 \times 10^{30}}$

부처는 종교의 영역에 속하므로 첫번째 항은 무시해도 무방하다. 그러나 [원자 : 은하], [원자핵 : 은하핵], 그리고 [세포 : 우주]의 비교에서 반복적으로 나타나는 10^{30}은 단순한 우연의 결과일 뿐일까? 어마어마하게 큰 세계와 아주 작은 세계 사이에 이토록 정교한 비례 관계가 우연히 성립될 수 있을까?

만약 이것이 우연이라면, 이처럼 절묘한 우연이 다시 반복되기

를 기대하는 사람은 그야말로 몽상가에 지나지 않을 것이다. 그러나 독자 여러분은 앞으로도 이와 같은 믿을 수 없는 '우연'이 계속 반복되는 것을 보게 될 것이다.

전자벨트와 극미입자(極微粒子)

앞에서 필자는 거시 세계와 미시 세계를 분석하고, 양 세계의 대응 요소들을 결정하여 단계적으로 정리해 보았다. 그리고 그 중에서 상호 비교가 용이한 세 쌍의 요소들을 골라 먼저 비교해 보았다. 필자가 제시한 체계에서 아직 비교하지 않은 짝은 다음과 같다.

소립자 : 태양
분자 : 은하군
고분자 : 은하단
세포소기관 : 초은하단

위에 열거한 짝들은 몇 가지 이유 때문에 상호 비교하기가 사실 용이하지 않지만, 현대 과학이 밝힌 자료들을 사용하여 최선의 접근을 해 보기로 하겠다.

먼저, [소립자 : 태양]부터 시작해 보자.

소립자물리학에 흥미 있는 독자들은 지금부터의 이야기에 보다 깊은 관심을 기울일 필요가 있을 것이다. 왜냐하면, 이 주제는 소립자의 기존 개념을 바꿀 수 있는 연구 재료를 담고 있을지도 모르기 때문이다.

원자의 중심에는 원자 반지름의 10만분의 1 정도 크기인 원자핵이 있고, 핵 주위에는 전자들이 돌고 있다. 양자역학에서는 전자들이 '돌고' 있는 것이 아니라 '분포 되어' 있다고 표현하지만, 어쨌든 핵 주위에는 전자라고 하는 소립자들이 존재한다.

은하의 중심에도 역시 은하 반지름의 10만분의 1 정도 크기를 갖는 은하핵이 있고, 그 주위를 별들이 돌고 있다. 그리고 [원자 : 은하] 및 [원자핵 : 은하핵]의 크기 비는 모두 비례상수 10^{30}을 포함한다.

이와 같이 원자와 은하는 외견상 매우 닮았지만, 이런 사실만으로써는 양자(兩者)의 동일성을 입증하기에 아직 부족하다. 왜냐하면, 이 둘의 핵 주위에 존재하는 전자와 별의 크기 비가 비례상수 10^{30}을 갖고 있는지 아직 확인되지 않았기 때문이다.

전자와 별의 동일성은 입증될 수 있을 것인가?

간단히 생각해 보더라도 전자와 별은 전혀 닮지 않은 것을 알 수 있다. 우리가 상식적으로 알고 있는 바와 같이, 원자 속에 포함된 전자의 수는 그리 많지 않다. 수소 원자는 1개, 탄소 원자는 6개, 질소 원자는 7개, 산소 원자는 8개의 전자를 가지며, 아주 큰 원자량(原子量)을 갖는 우라늄도 겨우 92개의 전자를 가질 뿐이다. 그런데 별의 수는 어떠한가? 우리 은하계에 포함된 별들은 무려 3천억 개 이상이나 된다. 물론 다른 은하들에서도 사정은 비슷하다.

[원자 반지름 : 은하 반지름], 그리고 [원자핵 반지름 : 은하핵 반지름]의 비교까지는 아주 좋았는데, [전자 : 별]에 이르러서는 너무나 엄청난 외견상의 차이 때문에 비교 자체가 성립되지 않을 듯이 보인다. 이제 필자의 환상이 [전자 : 별]의 암초에 걸려 침몰할 지경에 왔다고 생각할 독자도 있을 것이다. 필자 또한 이 문제의 해결이 신(新)우주론의 사활을 결정할 열쇠를 쥐고 있다고 생각했다. 공간과 시간에 걸친 신(新)우주론의 체계는 [전자 : 별]이 동일한 논리로 설명되지 않는 한 완성될 수가 없었.

미시 세계와 거시 세계가 동일성을 갖고 있다면, 우리가 볼 수 있는 한 요소로부터 그에 대응하는 다른 요소의 모습을 유추할 수 있을 것이다. 원자의 모습은 볼 수 없지만 은하는 볼 수 있다. 원자와 은하가 서로 대응하는 것이 맞다면, 우리가 볼 수 있는 은하의 모습을 통해 보이지 않는 원자의 모습을 유추할 수 있을 것이다.

은하의 중심에는 은하핵이 있고, 그 주위를 수천억 개의 별들이 분포되어 은하핵 주위를 돌고 있다. 그런데 별들은 아무렇게나 흩어져 있는 것이 아니라 몇 개의 큰 나선형 팔을 이루고 있다. 원자의 중심에는 원자핵이 있고, 그 주위에는 전자들이 분포되어 돌고 있다.

원자와 은하가 동일성을 갖기 위해서는, 전자들은 은하의 나선형 팔과 같은 모양을 하고 있지 않으면 안 된다. 즉, 전자는 입자 또는 파동이 아니라 은하의 팔과 같은 띠의 모습을 하고 있을 것이다. 그리고 그 띠는 극도로 작은 무수한 입자들로 이루어져 있을 것이다. 필자는 이 전자의 띠를 '전자벨트(Electron Belt)'라 하고 그것을 이루는 아주 작은 입자들을 '극미입자(極微粒子: Ultimate Particle)'라 부르겠다.

전자벨트와 극미입자 개념은 필자가 처음으로 제안한 것이다. 장차 소립자에 대한 연구가 더욱 진척되면 필자의 가설이 증명되는 날이 올 것이라고 믿는다.

우선 여기서 우주의 무한중첩 구조, 즉 프랙탈 구조를 증명하는 데 이 가설을 사용해 보기로 하자. 만약 이 가설로써 [전자 : 별]을 올바로 해석해 낼 수 있다면, 적어도 필자의 신(新)우주론을 이해하는 독자들에게는 이 가설이 '참'으로 받아들여 질 수 있을 것이다.

그럼, 지금까지 과학계에 알려져 있는 전자의 모습부터 한번 살펴보자.

고전적 개념상 전자의 모습은 원자핵 주위의 궤도를 돌고 있는 작은 입자이다. 그러나 오늘날 전자는 입자임과 동시에 파동이라는 것이 증명되어 있다.

전자는 원자 구조 안에서 파동성을 지니고 빠르게 운동하고 있기 때문에, 미래의 어떤 시각에 전자가 위치하게 될 특정 장소를 결정할 수는 없고 다만 전자가 어떤 특정 장소에 존재하게 될 확률은 계산해 낼 수 있다. 즉, 원자 구조 안에서 전자의 위치는 항상 확률적으로 표시될 수 있을 뿐이다.

그리고 양자전기역학(量子電氣力學)에서는, 전자는 끊임없이 광자(光子)를 방출하고 또 재흡수하고 있어서 전자의 주위는 '광자의 구름'이 에워싸고 있다고 정의한다.

전자의 질량은 어느 정도일까?

물리학자들은 전자의 전하량(電荷量)을 측정하여 질량을 구한다. 아인슈타인은 모든 물질이 에너지량으로 표시될 수 있음을 밝혔다. 따라서 전자의 에너지량, 즉 전하량을 측정하면 그것으로써 전자의 질량을 계산해 낼 수 있는 것이다.

이렇게 계산된 전자의 질량은 약 9.1×10^{-28}g 이다. 이는 수소 원자 질량의 1,840분의 1에 해당되며, 원자의 전 질량 중에서 전자가 차지하는 비율은 0.05% 밖에 되지 않는다. 그러므로 전자는 매우 가벼운 입자라고 할 수 있다.

그런데 전자의 크기를 결정하는 것은 질량을 구하는 것보다 훨씬 어렵다. 전자는 원자 구조 안에서 파동성을 가지고 끊임없이 운동하고 있을 뿐 아니라 또한 너무나 작기 때문에 그 크기를 직접 재는 것은 도저히 불가능하다.

전자의 크기는 계산에 의해 결정될 수 있는 바, 양자전기역학상의 계산에 따르면 전자의 질량과 전하는 10^{-16}cm 이하의 영역에 집중되어 있다고 한다. 즉, 전자의 반지름은 대략 10^{-16}cm라는 것이다.

그럼, 소박한 생각으로 전자와 별의 크기를 그냥 한번 비교해 보자. 태양은 은하계에 속한 별들의 표준적인 크기를 갖고 있으므로, 앞에 언급한 전자의 반지름과 태양의 반지름을 비교하면 될 것이다.

태양의 반지름은 약 70만 킬로미터, 즉 7×10^5km이다. 전자의 반지름 10^{-16}cm를 킬로미터 단위로 표시하면 10^{-21}km이다.

그러면,
전자 반지름 : 태양 반지름 = 10^{-21}km : 7×10^5km
$= 1 : 7 \times 10^{26}$

이것은 우리가 앞에서 계산했던 다른 요소들의 비, 즉 10^{30}의 상수를 갖는 값과 대략 만 배나 차이가 난다. 10배의 편차는 용인하기로 했지만, 만 배라고 하는 것은 아무래도 눈감아 줄 수 없는 차이이다.

전자는 단순한 입자 또는 파동이 아니라 수많은 극미입자로 구성된 복잡한 물질일 것이라는 필자의 추리가 설령 옳다고 하더라도, 그것을 입증할 수 없다면 아무 소용이 없다.

이 문제의 돌파구를 열어 준 사람은 서울대 물리학과의 김제완 교수(1932~)이다. 1993년 봄 필자가 신(新)우주론을 정리, 발표할 목적으로 20여 년 간의 젊음을 바쳤던 바다를 떠날 즈음, 김제완 교수는 그의 과학 수필집 '겨우 존재하는 것들'이라는 책을 출간했다. 그 책의 '질문은 많고 대답은 없다' 편에서 김제완 교수는, "실제의 관측에 따르면 전자의 반지름은 10^{-20}cm보다 작은 것으로 알려져 있다"라고 적고 있다. 김제완 교수가 전자의 크기를 직접 측정하지는 않았다 하더라도, 이러한 최신 정보를 대중을 위한 글에서 밝혀 준 데 대해 깊은 감사를 드린다.

필자는 이 책을 쓰기 전에 김제완 교수에게 전화를 걸어 전자의 반지름에 관해 직접 문의해 보았다. 왜냐하면, 그 때까지 필자가 접했던 모든 책에서는 전자 반지름을 10^{-16}cm로 적고 있어서, 만에 하나 10^{-20}cm가 인쇄상의 착오가 아니란 것을 꼭 확인해 두고 싶었기 때문이었다.

김제완 교수는 분명히 전자 반지름은 10^{-20}cm보다 작다는 사실을 확인해 주었고, 또한 이는 최근의 실제적인 관측 결과라고 덧붙였다. 과거에 전자 반지름을 10^{-16}cm라고 한 것은 실제로 관측한 결과가 아니라 고전 이론상의 계산으로 구한 것일 뿐이라고 설명했다.

'질문은 많고 대답은 없다' 라는 김제완 교수의 글은 그 제목과는 달리 신(新)우주론의 완성을 위한 결정적인 대답을 제공해 주었는데, 그때까지 필자가 막연하게 상상만 하고 있던 전자의 정체를 이로써 분명하게 해석할 수 있게 된 것이다.

과학은 현상을 다루는 학문이므로, 사실에 대항할 수 있는 이론은 없다. 그럼, 이 새로운 관측 사실로써 신(新)우주론 최대의 난관을 돌파해 보기로 하겠다.

은하핵의 주위를 돌고 있는 수천억 개의 별들, 그리고 원자핵의 주위를 돌고 있는 몇 개의 전자 - 이 두 가지 상(像)은 전혀 어울리지 않는다. 이렇게 어울리지 않게 여겨지는 이유는 전자를 단순한 입자로 보는 시각 때문이다. 그러므로 우리는 먼저 이런 선입관을 바꾸지 않으면 안 된다.

은하를 구성하고 있는 별들이 분포된 모습을 보면 흡사 빛나는 벨트와 같다. 수많은 별들이 벨트를 이루고 열(列)을 지어 은하 중심 주위를 돌고 있다. 필자는 전자도 이와 같다고 예측한다.

즉, 전자는 점 입자가 아니라 원자핵의 주위를 도는 벨트(Belt) 상태로 존재하며, 그것은 수많은 극미입자들로 이루어져 있을 것이다. 그리고 하나하나의 극미입자는 은하를 이루는 별에 대응할 것이다.

통상 과학자들은 전자를 가벼운 입자라고 말한다. 전자는 과연 가벼운 입자일까?

전자의 질량은 약 9.1×10^{-28}g 이다. 이를 보다 간단히 표시하면 10^{-27}g 정도이다. 이것은 원자핵의 질량에 비하면 분명 가벼운 것임에 틀림없다. 그러나 전자의 반지름이 10^{-20}cm 보다도 작다는 사실을 알고 나면 전자가 가볍다는 것은 오해임을 깨닫게 된다.

전자 반지름이 10^{-20}cm이면, 그 부피는 대략 10^{-60}cm³가 된다. 전자의 질량 10^{-27}g은 10^{-60}cm³의 부피에 집중되어 있으므로, 전자의 질량 밀도, 즉 1입방센티미터당 질량은 10^{33}g이다.

이것을 원자핵 안에 있는 무거운 입자인 중성자와 한번 비교해 보자. 중성자 반지름은 10^{-13}cm 이하이므로 그 부피는 대략 10^{-39}cm³이다. 그리고 중성자의 질량은 10^{-24}g 이니까, 그 질량 밀도는 1입방센티미터당 '겨우' 10^{15}g으로 계산된다.

전자는 일반적으로 가벼운 입자라고 일컬어지고 있으나, 그 질량 밀도는 무겁다고 하는 중성자와 비교하더라도 상상을 초월할 만큼 엄청나게 크다. 왜 그럴까?

'전자는 점 입자'라는 개념으로 이 사실을 설명하기는 어렵다. 그러나 전자는 점 입자가 아니라 '전자벨트'이며, 그리고 그것은 무수한 극미입자들로 이루어져 있다고 한다면 아무 모순 없이 설명하는 것이 가능하다. 즉, 극미입자 하나 하나는 가볍지만 벨트를 이루는 모든 극미입자들이 한 점에 집중되면 그 질량 밀도는 크게 나타나는 것이다.

입자가속기에서 전자가 광속도 가까이 가속될 때, 벨트를 이루는 극미입자들은 하나의 띠 모양을 한 채 달릴 것이다. 이 띠가 종점에서 한 점에 집중될 때, 전자의 크기는 극미입자 한 개의 크기로 관측될 것이다. 다시 말하면, 전자의 전 질량은 한 개의 극미입자가 차지하는 범위에 집중되며, 이것이 바로 전자의 크기로 관측된다. 따라서, 김제완 교수가 '질문은 많고 대답은 없다'라는 글에서 언급한 전자 반지름 10^{-20}cm는 극미입자 반지름에 해당된다고 할 수 있다.

거시 세계에서 극미입자에 대응하는 것은 은하의 벨트를 구성하는 별이다. 태양은 은하계에서 표준적인 크기를 갖는 별이므로, 이제 [전자 : 별]의 비교는 [극미입자 : 태양]으로 바꾸어 계산할 수 있다.

극미입자의 반지름은 10^{-20}cm이며, 이를 킬로미터 단위로 표시하면 10^{-25}km가 된다. 태양의 반지름은 약 70만km이므로, 7×10^5km로 표시된다.

따라서,
극미입자 반지름 : 태양 반지름 = 10^{-25}km : 7×10^5km

여기서 극미입자 반지름을 1로 하고, 태양 반지름을 q로 두면,
1 : q = 10^{-25} : 7×10^5
q $\times 10^{-25}$ = 7×10^5
q = $(7 \times 10^5) \div 10^{-25}$
  = $7 \times 10^{5+25}$
  = $\underline{7 \times 10^{30}}$

즉,

극미입자 반지름 : 태양 반지름 = $1 : 7 \times 10^{30}$

  이것은 필자가 신(新)우주론에 의거해 제안한 "전자는 무수한 극미입자들로 구성된 벨트 모양을 하고 있다"라는 가설에 근거하여 계산한 결과이다.

  이 결과는 무한비례상수(無限比例常數: 10^{30})를 포함하고 있으므로 필자의 가설이 타당하다는 것을 암시한다. 필자의 가설은 가까운 미래에 입증될 수 있을 것이라고 예상하는데, 그렇게 된다면 소립자에 관한 개념부터 큰 변화를 맞게 될 것이다.

분자와 은하군

필자는 이 책의 초고(草稿)를 끝냈을 때 그것을 싸 들고 한국 천문학계의 선구자인 조경철 박사(1929~2010)를 찾아갔다. 실은 월간 조선에 신(新)우주론에 관한 에세이 '10^{30}의 수수께끼'를 처음 발표하기 전에도 조경철 박사를 만나려고 노력했으나, 당시에는 어쩐 일인지 연락조차 닿지 않아 뜻을 이룰 수가 없었다. 그 동안 필자의 사람 찾는 요령이 늘어서인지 이번에는 조경철 박사를 만날 수가 있었는데, 그는 전화상으로 필자의 이야기를 대강 듣더니 흔쾌히 그 다음 날 시간을 내어 준 것이다.

그의 사무실에서 필자와 마주 앉은 조경철 박사는 원고를 몇 장 훑어보더니, 며칠 동안 다 읽어 본 뒤 자신의 의견을 말해 주겠다고 약속했다. 약속한 2주가 지나고 필자가 다시 조경철 박사의 사무실을 찾았을 때, 그는 친절하게 필자의 원고에서 몇 군데 잘못 기술된 부분들을 지적한 뒤 추천서를 써 주었다. 비록 그런 오류들이 글 전체의 흐름에 영향을 주는 것은 아니라 하더라도, 부분적인 오류는 흔히 전체적인 신뢰성에 흠집을 낼 수 있는 법이다. 조경철 박사의 자세하고 친절한 조언에 새삼 머리 숙여 감사드린다.

조경철 박사가 특히 강조하여 지적한 사항은 필자가 사용한 자료의 정확성 문제였다. 사실 필자로서는 어떤 자료들, 특히 지금부터 비교하려고 하는 [분자 : 은하군], [고분자 : 은하단], 그리고 [세포소기관 : 초은하단] 등과 관련해서는 상세한 자료를 구하기가 무척 어려웠다.

조경철 박사는 필자가 보다 정확한 자료를 인용할 수 있도록 그 자신의 저서 한 권과 함께 일본국립천문대에서 편집한 이과연표(理科年表; 1991년판)라는 두툼한 자료집을 필자에게 무료로 주었다. 그런데 그 책들에는 필자가 알기를 원했던 많은 자료들이 수록되어 있어서, 그것들을 참조하여 원고의 몇몇 부분을 다시 고쳐 쓸 수 있었다.

일면식도 없었던 필자에게 조경철 박사가 그렇게 친절하게 배려한 것은 왜일까? 그가 필자의 주장을 모두 인정한 것은 결코 아니다. 그는 필자의 글 중 일부 논리성을 인정했을 따름이었다. 그러나 그는 이와 같은 글이 세상에 소개되는 것에 대해 전혀 거부감을 느끼지 않는 것 같았다. 기존의 논리에 구속되어 새로운 것에 눈을 감는다면 인류 사회의 발전은 결코 이루어질 수 없음을 생각해 볼 때, 조경철 박사의 이러한 자세는 크게 찬사를 받아야 할 것이다.

이상과 같은 연유로, 앞으로 [분자 : 은하군], [고분자 : 은하단] 및 [세포소기관 : 초은하단]의 비교에 사용되는 자료들은 주로 대영백과사전에 더하여 일본국립천문대에서 발간한 이과연표를 참조했음을 밝혀 두는 바이다.

그럼, [분자 : 은하군]에 관해 생각해 보자.

분자는 원자가 몇 개 내지 수십 개 결합한 입자로서, 물질의 특성을 갖는 최소 단위이다. 분자는 자연계에 존재하는 무수한 물질들의 기본 단위이므로 그 종류가 매우 많고 크기도 다양하여 평균적인 크기를 설정하기가 대단히 어렵다. 또, 분자를 구성하는 원자들은 상호 간에 진동하면서 분자 전체의 인력 중심 주위를 회전하고 있기 때문에, 동일한 분자라도 그 운동 상태에 따라 크기가 달라 진다.

필자의 신(新)우주론에서 분자에 대응하는 거시 세계의 요소는 은하군(銀河群)이다. 전형적인 은하군은 5개 정도의 은하로 구성되어 있으며, 그 지름은 약 150만 광년이다. 우리 은하계가 속한 국부은하군도 은하계와 안드로메다 은하를 잇는 선을 축으로 그 주위에 30여 개의 은하가 모여 있는 은하군의 하나이다.

현재까지 국부은하군에 속한 모든 은하들이 확인된 것은 아니지만, 10개 정도의 왜소 은하 및 불확정 멤버를 합치면 그 가족 수는 30개가 넘는다고 한다. 국부은하군의 범위는 약 300만 광년에 이르며, 우리 은하계에서 안드로메다 은하까지의 거리는 약 250만 광년이다. 참고로, 우주 공간에는 텅 빈 구역이 많은 까닭에 은하들이 밀집해 있는 은하군에서의 평균 은하 밀도는 우주 전체의 그것보다 20배 이상이나 된다고 한다.

여기서 은하군과 관련하여 대영백과사전에서 흥미로운 대목을 인용해 보자. 대영백과사전 제7권 'Galaxies, External(외부 은하)' 편의 'Apparent distribution of galaxies(은하들의 외관상 분포 상태)'에는 다음과 같은 내용이 수록되어 있다.

[주의: 1990년대까지는 은하군과 은하단의 개념이 그다지 명확하지 않아서 은하군(Group)을 "Cluster"라고 표기하는 경우가 많았다. 그런 까닭에, 다음 인용문에서의 "Cluster"는 "은하군"으로 해석된다.]

Extensive surveys have shown that clustering of galaxies is by far the rule rather than exception. The existence of so many clusters suggests that they, instead of individual galaxies, may be the fundamental building blocks of the universe. If this is the case, then clusters of galaxies promise to provide significant information on the structure of the universe.

"광범위한 조사 결과, 은하들이 집단을 이루는 현상은 결코 예외적이 아니라 보편적인 현상이라는 사실이 밝혀졌다. 그렇게나 많은 은하군들이 존재한다는 사실은, 우주를 구축하는 기본 단위는 은하가 아니라 은하군일지도 모른다는 것을 암시하고 있다. 만약 실제로 그렇다면, 은하군들은 우주의 구조에 관한 중요한 정보를 제공하게 될 것으로 기대된다."

이어 'The nearby galaxies(이웃 은하들)' 항에서 다음의 대목이 눈길을 끈다.

The Local Group is no way remarkable among clusters of galaxies. Like other clusters, it is probably held together by the mutual gravitational attraction of its members.
"국부은하군은 많은 은하군들 중에서 결코 특별한 것이 아니다. 다른 은하군들처럼 국부은하군도 그 구성 은하들의 중력에 의한 상호 인력에 의해 서로 결합되어 있을 것이다."

우주에 존재하는 천억 개 이상의 은하들은 하나 하나 흩어져 있는 것이 아니라 일반적으로 수 개 내지 수십 개의 은하들이 집결하여 은하군을 형성하고 있으며, 이들은 중력으로 결합되어 있다. 오늘날 수십억 광년에 걸친 우주의 대구조(大構造)들이 속속 발견되고 있다. 전 우주에 걸친 은하군들의 특징적인 성격을 볼 때, 은하군이야말로 우주 대구조의 진정한 건축 단위임에 틀림없을 것이라고 필자는 생각한다.

이것은 자연계에서 원자가 독립적인 개체로 존재하지 않고, 수 개 내지 수십 개씩 결합하여 분자 상태로 존재하며, 또 분자를 구성하는 원자들은 상호 인력에 의해 결합되어 있는 사실과 너무나 잘 일치한다. 그리고 또한, 분자야말로 물질을 구성하는 진정한 건축 단위라는 사실과도 정확히 일치한다.

5개 정도의 은하들로 구성된 전형적인 은하군의 지름은 약 150만 광년이고, 30여 개의 대소 은하들로 이루어진 우리 국부은하군의 지름은 약 300만 광년이다. 그러므로 은하군의 평균 지름으로는 150만 광년을 그대로 선택하면 무난할 것이다.
　분자의 평균 지름은 얼마로 정하면 될까 ?
　일반적으로 분자를 구체(球體)로 간주할 때, 그 지름은 보통 1 내지 10옹스트롬이라고 한다. 그러므로 분자의 평균 지름으로는 5옹스트롬을 택하면 될 것이다.

　분자에 관해 좀 더 알아 보자.
　필자의 신(新)우주론에서 우주는 하나의 세포에 대응한다. 그런데 세포는 기본 생명물질, 즉 고분자(高分子)들로 조직되어 있고, 고분자의 기초 단위는 바로 분자이다. 생명체는 단백질, 지방, 탄수화물 및 핵산 등 네 가지 고분자들로 조직되어 있다. 그리고 이 고분자들은　아미노산,　지질(脂質),　당질(糖質),　뉴클레오티드(nucleotide)라는 분자들로 구성되어 있다.
　이런 분자들의 크기는 다양하여 하나의 평균치를 설정하기는 매우 어렵다. 생명체를 조직하는 고분자들 중 가장 대표적인 것은 단백질이고, 단백질은 20여 종의 아미노산 분자들이 유기적으로 결합하여 만들어 진다. 따라서, 생명체의 가장 대표적인 분자는 아미노산이라고 말할 수 있을 것이다.

단백질의 대표적인 구조로는 알파 나선(α-**螺旋**) 구조를 들 수 있는데, 이것은 아미노산 분자들이 나선형으로 계속 연결되는 구조이다. 한 바퀴의 나선이 완성되기 위해서는 평균 3.6개의 아미노산 분자가 필요하다. 나선 한 바퀴의 수직 길이는 5.4옹스트롬이고, 각 아미노산 분자 사이의 거리는 1.5옹스트롬이다. 이 나선 구조의 지름은 약 5옹스트롬인데, 1개의 아미노산 분자가 차지하는 범위는 이 지름에 조금 못 미치는 정도이다. 그러므로 아미노산 분자의 평균 지름을 약 5옹스트롬으로 보면 무난하다고 할 수 있을 것이다.

자연계에 있어서의 분자 평균 지름이 5옹스트롬 정도이고, 생명체 내에서의 대표적 분자인 아미노산 분자의 평균 지름도 5옹스트롬 정도이다. 그러므로 분자의 평균 지름으로 5옹스트롬을 선택하면 상당히 합리적일 것이다.

1옹스트롬은 10^{-8}cm이므로 5옹스트롬은 5×10^{-8}cm이다.
이를 킬로미터 단위로 바꾸려면, 1km = 10^5cm 이니까,
$(5 \times 10^{-8}) \times 10^{-5} = 5 \times 10^{-8-5} = 5 \times 10^{-13}$km

150만 광년은 광속도로 150만 년 동안 달리는 거리이므로,
150만 광년 = 1,500,000(년) $\times$ 365(일) $\times$ 24(시간) $\times$ 60(분)
$\times$ 60(초) $\times$ 300,000km
= 1.42×10^{19}km

따라서,
분자 지름 : 은하군 지름 = 5 × 10^{-13}km : 1.42 × 10^{19}km

여기서 분자 지름을 1로 하고, 은하군의 지름을 q 라 두면,
1 : q = 5 × 10^{-13} : 1.42 × 10^{19}

안쪽 항끼리의 곱은 바깥쪽 항끼리의 곱과 같으므로,
q × (5 × 10^{-13}) = 1.42 × 10^{19}
q = (1.42 × 10^{19}) ÷ (5 × 10^{-13})
　= (14.2 × 10^{18}) ÷ (5 × 10^{-13})
　= (14.2 ÷ 5) × 10^{18+13}
　= 2.84 × 10^{31}

즉,
분자 지름 : 은하군 지름 = 1 : 2.84 × 10^{31}

여기서 10^{31}을 10^{30}으로 바꾸면,
분자 지름 : 은하군 지름 = 1 : 28.4 × 10^{30}

분자와 은하군의 비를 무한비례상수 10^{30}이 나타나도록 표시하면 위와 같이 된다. 이것은 앞서 계산한 다른 짝들의 값과 제법 차이

가 나지만, 그런대로 10배 정도의 편차 내에 들어간다. 분자의 평균 크기를 결정하기가 매우 어렵다는 점을 감안하면, 이것을 그리 나쁜 결과라고 볼 수는 없다.

분자와 은하군에 관한 이 비교는 사실 서곡에 지나지 않는다고 할 수 있는데, 독자 여러분은 앞으로 제4장 '우주의 비밀-시간에 관하여' 편에서 이 둘의 진정한 비교를 보게 될 것이다.

나머지 대응 요소들

 이제 비교할 대응 요소들 중에서 남아 있는 것은 [고분자 : 은하단] 및 [세포소기관 : 초은하단]뿐이다. 이들은 세포와 우주를 구성하는 체계의 마지막 두 단계인데, 각 요소의 형태와 특성을 고려해 볼 때 함께 다루는 편이 더 낫다고 생각된다.

 물질의 특성을 갖는 최소 단위가 분자임에는 틀림없지만, 분자 스스로 '생명물질'을 구성하기에는 아직 역부족이다. 아미노산 분자들을 전 지구 표면에 10km 깊이로 쌓아 두고 수십억 년 동안 결합 실험을 되풀이하더라도, 단백질 분자 하나가 우연히 만들어질 가능성은 거의 없음을 앞에서 살펴본 바 있다. 그러므로 진정한 '생명물질'은 단백질, 핵산, 지방, 당 등의 고분자 화합물로부터 시작되는 것이다.
 고분자 화합물은 수많은 분자들이 유기적으로 결합하여 형성된다. 생명체를 구성하는 대표적인 고분자 화합물은 단백질이라고 말할 수 있는데, 단백질은 보통 100개 이상의 아미노산 분자가 결합하여 만들어 진다. 예를 들면, 혈액의 주요 성분인 헤모글로빈은 140여 개의 아미노산으로 이루어지며, 뼈, 인대, 피부 등의 주요 성분인 콜라겐은 2,000여 개의 아미노산으로 구성된다.

단백질, 핵산, 당, 지방 등의 고분자는 종류가 매우 많고 또 크기도 다양하여 그 표준적인 크기를 설정하기란 대단히 어렵다. 그러나 대표적인 고분자는 단백질이므로, 고분자의 크기로는 약 200개의 아미노산으로 만들어지는 전형적인 단백질의 크기를 채택하면 그런대로 무난하다고 할 수 있을 것이다.

그럼, 200개의 아미노산으로 구성된 전형적인 단백질의 길이는 얼마일까?

필자는 많은 관련 서적들을 뒤져 보았지만 이 자료를 찾을 수가 없었다. 그러나 이 책을 쓰기 위해 이제까지 열심히 공부해 온 보람이 있어서인지 필자 스스로 해답을 계산해 낼 수 있었다. 독자 여러분과 함께 그 과정을 다시 한번 음미해 보기로 하겠다.

[분자 : 은하군] 항에서 살펴본 바와 같이 단백질의 대표적인 구조는 알파 나선 구조이다. 나선의 한 바퀴를 형성하는 데는 평균 3.6개의 아미노산 분자들이 필요하며, 나선 한 바퀴의 수직 길이는 5.4옹스트롬이다.

대표적 단백질 중 하나인 콜라겐 분자는 약 2,900옹스트롬의 길이를 갖는다. 그럼, 길이가 잘 알려져 있는 콜라겐 분자를 이용하여 200개의 아미노산으로 구성된 표준적 단백질의 길이를 계산해 보자.

우선, 콜라겐 분자 속에 포함되어 있는 아미노산 분자들의 총 개수를 계산한다. 2,900옹스트롬을 나선 한 바퀴의 수직 길이 5.4옹스트롬으로 나눈 뒤, 한 바퀴에 포함되어 있는 아미노산의 평균 개수 3.6을 곱해 주면 아미노산 분자들의 총 개수가 구해진다.

(2,900 ÷ 5.4) × 3.6 = 1,933개

콜라겐 분자 하나에 포함된 아미노산의 실제 개수는 2,000여 개라고 알려져 있다. 그러므로 이 계산은 실제와 아주 근접한 계산법이라고 할 수 있을 것이다.

이제 이 계산법을 응용하면 약 200개의 아미노산으로 구성된 전형적인 단백질의 길이를 계산해 낼 수 있다.

200개의 아미노산 분자들이 알파 나선 구조로 연결될 경우 그것이 총 몇 바퀴로 끝날 것인지를 먼저 계산한 뒤, 한바퀴당 수직 거리 5.4옹스트롬을 곱해 주면 된다.

나선 한 바퀴에 평균 3.6개의 아미노산 분자가 소요되므로,
(200 ÷ 3.6) × 5.4 = 300옹스트롬

이상과 같이 전형적인 단백질의 길이는 약 300옹스트롬으로 계산되었는데, 이제 이를 고분자의 크기로 채택하기로 하자.

세포 안을 들여다보면 여러 형태의 소기관들이 많이 있으며, 이것들은 모두 고분자들로 조직되어 있다. 세포소기관들로는 미토콘드리아, 마이크로튜블, 핵, 염색체, 리보솜, 기타 여러 가지가 있다. 이와 같은 소기관들은 크기와 형태가 다양하여 그 표준적인 크기를 결정하기가 매우 어렵지만, 일단 이들의 크기가 대강 어느 정도인지 살펴보기로 하자.

　미토콘드리아는 소시지처럼 생긴 물질로서, 그 폭은 0.5 내지 1미크론(5,000~10,000옹스트롬)이고 길이는 5 내지 10미크론(5만~10만 옹스트롬)이다. 마이크로튜블은 긴 튜브처럼 생긴 물질인데, 그 지름은 200옹스트롬 정도이고 길이는 10 내지 수백 미크론에 달한다. 세포핵은 구형(球形)이며 핵막으로 싸여 있고, 크기는 5 내지 25미크론 정도이다. 핵 속에는 지름 1 내지 4미크론 정도의 핵인(核仁)이 있다. 기타, 엽록체의 지름은 4 내지 8미크론, 골지체(golgi體)의 길이는 0.2 내지 5.5미크론, 리소좀의 지름은 0.4미크론, 리보솜의 지름은 150 내지 200옹스트롬 정도이다.

　이상 여러 가지 세포소기관들의 크기를 살펴보았는데, 그 대략적인 크기는 수 미크론 정도임을 알 수 있다.

　이번에는 거시 세계로 눈을 돌려 은하단과 초은하단에 대해 알아보기로 하자.

　국부은하군과 같은 소규모 은하군들이 많이 모여 은하단을 형성하며, 일반적으로 은하단이라고 할 때는 50개 이상의 은하들이 집결한 구조를 말한다. 은하단은 대략 지름 천만 광년 정도의 영역에 걸쳐 있다.

그런데 1980년대 이전까지는 이런 은하단보다 더욱 큰 구조, 즉 초은하단의 존재에 대해 대부분의 과학자들은 회의적이었다. 1970년대부터 일단의 천문학자들이 진보된 천문 관측 기술을 바탕으로 개개 은하까지의 거리를 측정하여 우주의 입체적 지도를 만들기 시작했다. 그러자 1980년대에 들어서면서 놀라운 사실들이 밝혀지게 되었다. 즉, 그때까지 상상조차 할 수 없었던 우주의 거대한 구조들이 발견되었던 것이다.

최초로 발견된 것은 '거품 구조'였다. 거품 구조란 지름 1억 내지 2억 광년에 이르는 거대한 공동(空洞), 즉 은하가 존재하지 않는 영역이 있고, 은하들은 그 영역 표면에 달라붙어 마치 거대한 거품과 같은 형태를 만들고 있는 초은하단이다. 이어서 길이 5억 광년, 폭 2억 광년에 이르는 거대한 장벽과 같은 대구조가 발견되었는데, 과학자들은 이 구조를 중국의 만리장성에 빗대어 그레이트 월(Great Wall: 우주만리장성)이라고 이름지었다.

1990년에는 더욱 놀라운 발견이 이루어졌다. 마치 목장에 일렬로 박힌 말뚝처럼, 은하가 밀집한 영역이 약 4억 광년의 간격을 두고 규칙적으로 배열되어 있는 엄청나게 큰 구조가 발견된 것이다. 이 '말뚝 구조'는 우주 지평선까지 거리인 150억 광년의 거의 절반에 해당되는 약 70억 광년에 걸쳐 이어져 있다.

이와 같은 우주의 대구조(**大構造**)는 기존의 빅뱅 우주론으로는 설명이 불가능하기 때문에, 최근의 천문학계는 심각한 딜레마에 봉착해 있다. 인플레이션 이론으로 이를 어느 정도 설명할 수 있다고는 하지만, 별로 설득력은 없는 것 같다.

그러면 지금부터 [고분자 : 은하단] 및 [세포소기관 : 초은하단]의 비를 계산해 보자.

독자들도 이해하듯이, 이 요소들의 표준적인 크기를 책정하기는 매우 어렵다. 그러나 이 책에서의 계산에는 10배의 편차를 용인하기로 하고 있으므로 대략적인 수치로써도 계산할 수 있을 것이다.

먼저 [고분자 : 은하단]을 비교한다.

대표적인 고분자는 단백질이다. 200개의 아미노산으로 이루어진 전형적인 단백질의 길이는 300옹스트롬이다. 그러므로 고분자의 크기로는 300옹스트롬을 선택하자. 은하단의 영역은 평균적으로 지름 1,000만 광년 정도에 걸쳐 있다. 그러므로 은하단의 크기는 1,000만 광년으로 하자.

고분자의 크기 : 은하단의 크기 = 300옹스트롬 : 1,000만광년

1옹스트롬은 10^{-8}cm이므로, 300옹스트롬은 3×10^{-6}cm이다.
이것을 킬로미터로 표시하면, 1 km = 10^5cm이니까,
$(3 \times 10^{-6}) \times 10^{-5} = 3 \times 10^{-11}$km

1,000만 광년은 광속도로 1,000만년 동안 달리는 거리이므로,
1,000만 광년 = 10,000,000(년) × 365(일) × 24(시간)
　　　　　　× 60(분) × 60(초) × 300,000km
　　　　　 = 9.46 × 10^{19}km

그러므로,
고분자의 크기 : 은하단의 크기 = 3 × 10^{-11}km : 9.46 × 10^{19}km

여기서 고분자의 크기를 1로 하고 은하단의 크기를 q 로 두면,
1 : q = 3 × 10^{-11} : 9.46 × 10^{19}
q × (3 × 10^{-11}) = 9.46 × 10^{19}
q = (9.46 × 10^{19}) ÷ (3 × 10^{-11})
　= (9.46 ÷ 3) × 10^{19+11}
　= 3.15 × 10^{30}

즉, 고분자의 크기 : 은하단의 크기 = 1 : 3.15 × 10^{30}

이 결과 또한 무한비례상수 10^{30}을 포함할 뿐 아니라, 다른 대응 요소들의 비와 거의 같은 값을 나타내고 있다.

이제 끝으로 세포소기관과 초은하단을 비교해 보자.

세포소기관의 크기는 앞에서 살펴본 대로 대략 수 미크론 규모이므로, 이 계산을 위해 5미크론을 택하면 큰 오차는 피할 수 있을 것이다.

1미크론은 백만분의 1미터, 즉 10^{-6}m이다.
킬로미터 단위로 표시하면, 10^{-6}m는 10^{-9}km이므로,
5미크론 = 5×10^{-9}km

초은하단의 규모는 수억 광년이다. 그러므로 초은하단의 크기로는 5억 광년을 선택하면 무난할 것이다. 5억 광년이란 빛이 5억 년 동안 달리는 거리이다.

5억 광년 = 500,000,000(년) × 365(일) × 24(시간) × 60(분)
 × 60(초) × 300,000km
= 4.73×10^{21}km

그러므로,
세포소기관의 크기 : 초은하단의 크기
= 5×10^{-9}km : 4.73×10^{21}km

세포소기관 크기를 1로 하고, 초은하단의 크기를 q로 두면,
1 : q = 5×10^{-9} : 4.73×10^{21}

$q \times (5 \times 10^{-9}) = 4.73 \times 10^{21}$

$q = (4.73 \times 10^{21}) \div (5 \times 10^{-9})$

$\quad = (4.73 \div 5) \times 10^{21+9}$

$\quad = \underline{0.95 \times 10^{30}}$

이렇게 하여 마지막 대응 요소의 비(比)가 나왔다.
<u>세포소기관의 크기 : 초은하단의 크기 = 1 : 0.95 × 10³⁰</u>

이 결과 역시 무한비례상수 10^{30}을 포함하고, 또한 다른 대응 요소들의 비와 큰 차이가 없다. 느슨한 자료들을 갖고 계산한 것인데도 이 정도의 결과가 나왔다는 것은 상당한 의미를 갖는다고 할 수 있다.

공간의 신(新)질서

지금까지 미시 세계와 거시 세계에서 상호 대응하는 요소들의 크기 비를 모두 구했는데, 이제 그 결과를 총 정리해 보자.

극미입자 반지름 : 태양 반지름 = 10^{-20}cm : 7×10^5km
$$= 1 : 7 \times 10^{30}$$
원자핵 반지름 : 은하핵 반지름 = 10^{-13}cm : 0.33광년
$$= 1 : 3.12 \times 10^{30}$$
원자 반지름 : 은하 반지름 = 1옹스트롬 : 3만 광년
$$= 1 : 2.84 \times 10^{30}$$
분자 지름 : 은하군 지름 = 5옹스트롬 : 150만 광년
$$= 1 : 28.4 \times 10^{30}$$
고분자의 크기 : 은하단의 크기 = 300옹스트롬 : 천만 광년
$$= 1 : 3.15 \times 10^{30}$$
세포소기관의 크기 : 초은하단의 크기 = 5미크론 : 5억광년
$$= 1 : 0.95 \times 10^{30}$$

세포 반지름 : 우주 반지름 = 25미크론 : 150억 광년
$$= 1 : 5.68 \times 10^{30}$$

앞의 대응 요소들 중에서 [분자 : 은하군]의 비가 좀 돌출해 보일 뿐, 다른 짝들은 모두 엇비슷한 값을 나타내고 있다. [분자 : 은하군]에 관해서는 다음 장에서 시간의 문제를 고찰할 때 보다 합리적으로 비교될 것이므로, 여기서는 이 정도에 만족하는 수밖에 없다.

이제 누구라도 이 결과를 가볍게 보아 넘기기는 어려울 것이며, 또한 이를 두고 우연이 반복된 결과라고 말하기도 어려울 것이다. 여기에는 분명히 질서가 존재하고 있다. 소립자로부터 우주에 이르는 새로운 질서, 무한 우주를 관통하는 근원적인 질서가 처음으로 그 모습을 드러내고 있는 것이다.

미시 세계와 거시 세계는 그 크기만 다를 뿐, 본질적인 동일성을 갖는다. 우주는 무한중첩 구조로 이어지며, 프랙탈 각 단계 간의 배율은 10^{30}이다. 우리가 보고 있는 반지름 150억 광년의 저 우주는 실은 어떤 거대한 존재 속에 있는 세포 하나에 지나지 않는다. 그리고 우리 몸속에도 세포 하나 하나를 반지름 150억 광년의 대우주로 여기며 살고 있을 작은 생명체들의 세계가 무수히 존재한다.

앞에서 우리가 계산해 낸 모든 결과들이 단순한 우연의 반복일 수가 없는 것이라면, 우주는 자연스럽게 이와 같은 질서를 갖게 될

것이다. 이제부터는 신(新)우주론이라는 말 대신, 무한중첩 우주론(Infinite Replication Cosmology) 또는 프랙탈 우주론(Fractal Cosmology)이라고 부르기로 하자.

과학자들이 프랙탈 우주론을 바탕으로 물질계를 연구한다면, 인류의 과학 문명은 비약적인 발전을 이룰 수 있을 것이다.

제4장
우주의 비밀 – 시간에 관하여

- 최후의 혁명
- 아이디어의 무게
- 시간의 길이
- 시간의 원리
- 원자의 회전 주기 예측
- 적중한 예측
- 회전 주기의 편차
- 분자와 국부은하군의 운동
- 환상적인 분자의 세계
- 시간 원리의 재확인
- 안드로메다의 순수 운동
- 시간의 새 질서

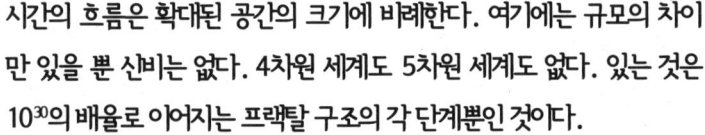

시간의 흐름은 확대된 공간의 크기에 비례한다. 여기에는 규모의 차이만 있을 뿐 신비는 없다. 4차원 세계도 5차원 세계도 없다. 있는 것은 10^{30}의 배율로 이어지는 프랙탈 구조의 각 단계뿐인 것이다.

최후의 혁명

 20세기 말, 영국의 물리학자 스티븐 호킹은, "금세기가 다 지나가기 전에 우리는 우주에 관한 모든 것을 알 수 있게 될 것이며, 그때 사람들은 너무나 단순한 우주의 실체에 허탈감을 느낄 것이다."라고 예언적으로 말한 바 있다.
 비록 21세기에 진입한 오늘에도 우주에 관한 모든 것이 밝혀지지는 않았지만, 우주의 단순성을 예측한 그의 말은 맞다.
 모르고 있을 때에는 모든 것이 복잡하게 보인다. 단순한 공중 방전에 지나지 않는 번개를 옛사람들은 얼마나 공포와 신비의 눈길로 바라보았던가! 안테나가 처음 발명되었을 때, 사람들은 그것을 설치하는 일이 신의 섭리를 거스르는 짓이라고 비난했다. 과학적으로 이해할 수 없는 모든 현상은 신비하게 보인다. 그러나 일단 그 원리를 과학적으로 이해하게 되면 신비는 사라지고, 호킹의 표현대로 모든 것은 '허탈할 만큼' 단순해진다.
 오늘날 우주론은 점점 더 난해하게 변해 가고 있다. 빅뱅 이론으로 우주의 모든 신비가 해명되는 듯하더니, 우주의 대구조(大構造)

가 발견됨으로써 우주의 실체는 다시 미궁 속으로 빠져 들고 말았다.

호킹은 그의 직관으로 우주의 실체가 단순할 수밖에 없음을 간파하고 있기는 하지만, 그것과는 무관하게 누구보다도 앞장 서서 난해하고 신비한 이론을 펼치고 있다. 허수 시간까지 동원한 그의 이론은 신비주의에 빠져 있다는 표현으로는 차라리 부족함을 느낄 뿐이다.

독자 여러분은 이제 무한중첩 우주론을 이해할 수 있을 것이다. 이 새로운 우주론의 스케일은 우리가 속해 있는 거대한 우주가 티끌에 지나지 않을 만큼 방대하기는 하지만, 그 원리는 호킹의 예언대로 허탈할 만큼 단순하다.

이 단순한 원리를 왜 아무도 모르고 있었던가? 모르고 있었던 것이 아니다. 석가모니는 2,600년 전에 이미 무한 우주의 원리를 꿰뚫고 그의 가르침을 남겨 놓았다. 많은 사람들이 그 원리를 알고는 있었지만, 과학적으로 분석해 보지 않았을 따름이다.

사실 사람들이 모든 것을 이해하는 데 필요한 과학 자료들에 접할 수 있게 된 것은 아주 최근의 일이므로, 과거의 사람들은 이런 주제에 합리적으로 접근할래야 할 수가 없었을 것이다. 그러나 오늘날에는 누구나 쉽게 접근할 수 있는 다양한 과학 자료들이 풍부하게 마련되어 있다. 이제 누구라도 우주의 무한중첩 구조를 검토해 볼 수 있고 또 더 깊이 연구할 수도 있을 것이다. 과거의 이론에 얽

매이지 않고 새로운 질서를 추구하는 마음의 자세만 갖추고 있다면, 연구 과제는 무궁무진할 것이다.

갈릴레이가 실제적인 관측으로써 지구가 우주의 중심이 아님을 밝혀 내고 이를 세상에 널리 알렸을 때, 당시의 권력자들은 노년의 갈릴레이에게 잔인한 고문의 위협을 가함으로써 그의 입을 봉했다. 그들이 갈릴레이의 이야기를 이해할 수 없었기 때문에 그랬을까? 아니다. 만약 그들이 갈릴레이의 말을 이해할 수 없었다면 그렇게나 극단적인 반응을 나타낼 까닭이 없었을 것이며, 그를 그저 괴상한 변설을 늘어놓는 사람쯤으로 무시해 버리면 그만일 터였다. 그들이 그토록 갈릴레이를 위험시한 까닭은, 실은 그들 스스로 그의 이론을 너무나 잘 이해했기 때문일 것이다. 그들은 갈릴레이의 현실적이고 또 구체적인 이론으로부터 신의 지위가 무너져 내리는 소리를, 아니 그들 자신의 권력 기반이 붕괴되는 소리를 들었던 것이다.

갈릴레이는 인류 이성의 해방이라는 진정한 혁명을 이룬 최초의 사람이라고 할 수 있다. 갈릴레이의 연구가 인류를 신의 권능으로부터 해방시켰다면, 필자의 프랙탈 우주론은 인간의 정신을 유한 우주로부터 해방시키는 발판이 될 것이라고 생각한다.

아이디어의 무게

 필자가 무한중첩 우주론의 첫 에세이 '10^{30}의 수수께끼'를 월간조선에 발표하기 전, 이화여대 김성구 교수(1946~)에게 추천서를 부탁하러 갔을 때의 이야기이다.

 김성구 교수는 진정으로 마음이 열린 학자이다. 그는 진리 앞이라면 과거의 논리를 기꺼이 버릴 수 있는 사람이다. 이 말은 그가 필자의 프랙탈 우주론을 전적으로 인정했다는 의미가 아니다. 그는 스스로 이 우주론을 검증해 보지는 않았지만, 이 새로운 이론에서 풍기는 진실의 향기를 인정했다. 신(新)질서의 가능성을 보았던 것이다. 그는 기꺼이 추천서를 써 주었을 뿐 아니라, 필자의 글 중 몇몇 부족한 부분에 대해 친절한 지도까지 해 주었다.

 추천서를 써서 필자에게 건네주고 난 뒤, 그는 필자가 혹시 이러한 내용을 다른 책에서 본 적이 있느냐고 물었다. 사실, 필자는 불교 신자도 아니면서 불교 경전으로부터 신(新)우주론의 힌트를 얻은 것에 대해 약간 미안한 마음을 갖고 있었다. 그래서 필자는 이 우주론의 아이디어가 필자의 것은 아니지만, 과학적인 분석은 스스로 했노라고 대답했다. 그때 김성구 교수는 단호하게, "아이디어는 아무것도 아니다. 중요한 것은 아이디어로써 일정한 체계를 세우는 일이다." 라고 말했다.

 김성구 교수의 말은 필자에게 아주 인상적이었는데, 아이작 아시모프의 '우주의 비밀'이라는 책에도 같은 이야기가 들어 있다. '우주의 비밀'은 프랙탈의 개념을 쉽게 풀이한 대목을 인용하기 위해 읽은 적이 있었는데, 김성구 교수의 말을 들은 뒤 새삼 들춰 보게 되었다. '우주의 비밀'은 아시모프 특유의 짤막한 에세이들을 묶어 놓은 책으로, 그 중 하나의 소(小)제목이 또한 '우주의 비밀'이다.

 아시모프는 미국의 물리학자 하인즈 페이겔스(Heinz Pagels; 1939~1988)와 어떤 문제에 관해 대화를 나눈다. 그 대목을 인용해 보기로 하겠다.

 [언젠가 한번은 하인즈와 나를 포함한 일단의 사람들이 이것저것에 대해 이야기를 나누던 중, 하인즈가 재미있는 문제를 제기했다. "언젠가 과학의 모든 문제들에 답이 제시되어 더 이상 풀 문제가 없는 날이 올 수 있을까? 아니면 모든 답을 얻는 것은 전혀 불가능할까? 이 두 가지 가능성 중에서 어느 쪽이 옳은지 지금 우리가 알 수 있는 방법이 있을까?"
 거기에 대해 첫 발언을 한 사람은 나였다.

"나는 우리가 지금 그것을 쉽게 결정할 수 있다고 믿어."

하인즈는 나를 바라보면서 말했다.

"어떻게 말인가, 아이작?"

"우주는 본질적으로 매우 복잡한 프랙탈적 성격을 지니고 있으며, 과학이 연구하는 것도 이러한 성질을 공유하고 있다는 것이 내 믿음일세. 따라서, 우주의 어떤 일부분이 이해되지 않은 채 남아 있고, 과학이 탐구하는 것에서 어떤 일부가 밝혀지지 않은 채 남아 있다면, 그것이 이해되고 해결된 부분에 비해서 아무리 작은 부분이라 하더라도, 그 속에는 원래의 것과 다름없는 모든 복잡성이 들어 있을 것이라는 걸세. 따라서, 우리는 결코 끝에 도달하지는 못해. 우리가 아무리 멀리 나아가더라도 앞에 남아 있는 길은 처음과 마찬가지로 먼 길이 남아 있게 되겠지. 이것이 우주의 비밀이야."

나는 이 모든 이야기를 재닛(Janet; 아시모프의 아내)에게 해 주었다. 그랬더니 그녀는 나를 진지하게 바라보더니,

"그 아이디어를 이론으로 구체화시켜 보는 게 어때요?"라고 말했다.

"왜? 이건 아이디어에 불과한 거야."라고 나는 말했다.

"하인즈가 그걸 이용할지도 모르겠군요."

"나는 그러길 바래. 나는 이것을 구체화시킬 수 있을 만한 물리 지식을 갖추고 있지 못하지만, 하인즈는 할 수 있어."

"그렇지만 그가 그 아이디어를 당신에게서 들었다는 것을 잊어버릴 지도 모르잖아요?"

"그럼 어때? 아이디어는 값싼 거야. 중요한 것은 아이디어를 가지고 무엇을 하느냐야."]

– 아이작 아시모프 저 '우주의 비밀' 중에서 –

이 대화가 있은 지 얼마 후 하인즈는 등산 중에 바위에서 굴러 떨어져 죽었다. 그리고 아시모프도 죽었다.

아시모프는 비록 '값싼 아이디어'를 갖는 데 그쳤지만, 그는 직관으로써 우주의 본질을 이해하고 있었던 듯하다. 만약 그가 살아 있어서 필자의 글을 읽는다면 필경 무릎을 칠 것이다.

아시모프의 글을 읽은 것은 프랙탈 우주론을 완성한 뒤의 일이었으므로, 필자가 그의 아이디어를 차용한 것은 아니다. 그러나 중요한 것은, 그의 말대로 아이디어가 아니라 그것을 이용하여 이론을 구체화시키는 일이다. 사과가 떨어지는 것은 누구나 볼 수 있었지만, 만유인력의 법칙을 발견해 낸 사람은 뉴턴(Isaac Newton; 1642~1727)이었던 것이다.

시간의 길이

 필자는 무한중첩 우주론의 체계화를 위해 연구를 시작한지 몇 개월 만에 공간의 측면에서 일관되게 나타나는 프랙탈 특성을 확인할 수 있었다. 그러나 그것으로는 부족했다. 우주는 무한의 공간과 무한의 시간으로 구성된다. 그러므로 새로운 우주론은 공간의 문제뿐 아니라 시간의 문제에도 동시에 통하지 않으면 안 된다.

 시간의 원리 - 이것을 이해하기 위해서는 기나긴 사색과 추리의 시간이 필요했다. 달빛에 물든 밤 바다를 항해하며 얼마나 오랜 시간을 난간에 기대 깊은 상념에 빠지곤 했던가! 찬란하게 빛나는 별들도 시간의 비밀을 밝혀 내기 전까지는 그 빛에 생기가 없었다.

 시간이란 무엇인가? 무한중첩 구조의 우주 속에서 시간은 어떻게 정의되는가? 잡힐 듯 잡히지 않는 시간의 정체는 거의 일년 이상이나 필자의 애를 태웠다.

 시간은 어떻게 흐르는가?
 시간의 흐름은 분명 모든 존재가 동일하게 경험하는 것은 아니다. 하루살이가 날개를 달고 날기 시작한 지 하루만에 죽는다면, 하루살이에게 하루의 의미는 무엇일까? 하루란 그것에게는 바로 일생을 뜻할 것이다. 그것은 하루만에 성장하고, 사랑하고, 후손을 낳고, 그리고 죽는다. 하루 동안에 그것은 인간이 수십 년 동안에 걸쳐 경험하는 것을 모두 경험하는 것이다. 우리에게는 비록 하루라는 짧은 시간이지만, 하루살이에게 그 하루의 시간은 기나긴 세월이 될 것임에 틀림없다.

미시 세계와 거시 세계 사이에서 시간은 어떻게 변하여 나타날 것인가? 필자는 우주를 생각해 보았다. 우주의 반지름은 150억 광년이다. 우리가 광속의 로켓을 타고 우주 여행을 떠난다면, 우주의 지평선까지 도달하는 데 150억 년이 걸리게 된다. 그러나 우리가 우주라고 생각하는 저 거대한 공간은 실은 무한히 큰 어떤 존재 내부의 작은 세포 한 개에 불과하지 않은가? 그 거대한 존재에게는 150억 년이라는 긴 시간도 한 순간에 지나지 않을 것이다.

이는 우리 몸의 세포에 대해 역으로 생각해 보면 알 수 있다. 우리 몸의 일부인 하나의 세포 속에 고도의 과학 문명을 가진 작은 생명체들이 존재한다고 하자. 그들에게 그 하나의 세포는 반지름 150억 광년의 광대한 우주로 여겨질 것이다. 이제 그들도 광속의 로켓을 타고 그들의 우주 지평선을 향해 여행을 떠난다. 그들이 우주의 지평선에 도달하기까지는 그들의 시간으로 150억 년이 걸릴 것이다. 그렇지만 그 우주라는 것이 우리에게는 기껏 하나의 세포가 아닌가? 그 작은 생명체가 150억 년이나 걸려 우주의 끝에 도달하는 것이 우리에게는 한 순간의 일로 보일 것이다.

　이런 이야기를 어떻게 하면 간단명료하게 표현할 수 있을까? 필자는 석가모니의 우주관을 다시 한번 되씹어 보았다. 화엄경에 기록된 '**無量劫一念　一念無量劫**(무량겁일념　일념무량겁)'이라는 구절은 분명 시간의 원리를 담고 있다. 념은 시간을 의미하므로, 일념이란 찰나를 뜻한다. 그러면 이 구절은 "무량겁의 긴 시간도 찰나에 지나지 않고, 찰나도 무량겁의 긴 시간과 다름없다"라는 뜻으로 풀이된다. 이는 시간도 공간과 동일한 프랙탈 구조를 갖는다는 의미인가?

시간의 원리

　시간의 문제에 매달린 지 일 년 이상이나 지난 1991년 가을 어느 날, 필자가 탄 배는 수천 개의 컨테이너를 가득 싣고 미국 서해안의 롱비치 항을 떠나 부산으로 향하고 있었다.
　날씨는 청명하고, 바다는 잔잔했다. 거대한 선체가 고요한 바다를 세차게 가르며 나아가는 물살 소리는 흡사 대규모 오케스트라가 연주하는 소리와도 같다. 오가는 배 한 척 보이지 않는 망망대해. 그 평온한 날 오후, 필자는 뱃전에 기대어 저 아래 갈라져 흐르는 물살을 내려다보고 있었다. 선체가 반짝이는 유리면 같은 바다를 부드럽게 그러나 강력하게 가르며 전진함에 따라 바다는 깊은 환희의 탄성을 지르고 있었다.
　그때, 불현듯 한 생각이 떠올랐다. 바다를 가르는 뱃머리처럼 필자의 두뇌 속 상념의 바다를 뚜렷이 가르며, 시간이 그 실체를 드러냈다. 필자는 바다가 내지르는 탄성보다 더 깊은 탄성을 올리며 집무실로 달려 내려갔다. 그리고는 흥분된 마음을 진정시키며, 섬광처럼 튀어 올랐던 그 상념의 파편을 노트에 정리했다. 시간의 베일

속에 감추어져 있던 우주의 참 모습이 마침내 그 맨 얼굴을 드러내는 순간이었다.

이제 독자 여러분과 함께 그토록이나 오랜 세월 동안 인류의 이성을 미궁 속에 빠뜨리게 한 시간의 비밀을 벗겨 보기로 하겠다.

시간이란 무엇인가?

시간은 실체가 없다. 시간은 단지 관념일 뿐이다. 관념의 세계를 여행하는 것은 자유이지만, 그러나 관념은 실체가 없기 때문에 현실적으로 여행을 떠날 수 있는 대상은 아니다.

우주는 시간의 흐름 속에 존재한다. 우리는 흐르는 시간 속에서 매 순간 구현되는 우주를 체험할 수 있을 뿐이며, 실체 없는 시간을 따라 과거로 되돌아갈 수도, 남들보다 더 빨리 미래로 나아갈 수도 없다. 뛰어난 인간의 이성(理性)이 때론 방향을 잃고 헤매는 것은 우리가 아직 시간의 원리를 이해하지 못하고 있기 때문이다. 누구도 어떤 방법으로도 관념의 도로인 시간 축을 따라 여행할 수는 없다.

시간의 흐름을 경험하는 것은 상대적이지만, 그것이 시간 축을 따라 자유롭게 이동할 수 있다는 의미는 결코 아니다. 하루살이의 하루가 인간의 일생에 상당할 만큼 긴 시간이라고 하더라도, 시간이 하루살이를 위해 느리게 흐르는 것은 아니다. 시간은 그냥 흐를 뿐, 하루살이가 그 흐름을 세분하여 천천히 경험하는 것이다.

필자의 글을 여기까지 읽어 온 독자라면 아마도 마음의 문이 충분히 열려 있을 것이다. 그렇지만 지금부터 필자가 제시하는 전혀 새로운 개념을 받아들이기 위해서는, 마음의 문을 더 활짝 열고 차가운 이성(理性)의 눈으로써만 판단하겠다는 다짐이 필요할 것이다.

공간의 원리처럼 시간의 원리도 매우 단순하다. 그렇다고 누구나 이 원리를 이해할 수 있는 것은 아니다. 마음의 문을 닫고 보면 이해가 되지 않는다. 필자의 글을 읽은 어느 천문학 교수는 시간에 관한 필자의 논리를 결코 이해하지 못했다. 아니, 그는 오히려 이해하기를 거부했는지도 모른다. 마음의 문을 닫고 있는 사람은 여간해서는 새로운 개념을 받아들이지 않기 때문이다.

여기에 가로, 세로 각 100미터의 운동장이 있다고 생각하자. 건장한 육상 선수 한 명이 그 출발선에서 달려나갈 준비를 하고 있다. 그의 키는 2미터로 해 두자. 그는 100미터를 10초만에 주파하는 선수이다. 100미터를 달리는 데에는 출발 후 가속도가 붙기 때문에 각 지점에서의 속도는 다르게 나타난다. 그러나 여기서는 편의상 1초에 10미터씩 달린다고 가정한다.

그리고 또 이런 장면을 상상해 보자. 보이지 않는 힘에 의해 세상의 모든 치수가 10분의 1로 축소되어 버린 세계를 우선 마음 속에 그려 본다. 그 세계에서는 운동장도 사람의 키도 하늘의 태양도, 그밖에 우주의 모든 치수도 10분의 1로 축소되어 있다. 그러므로 그 세계에 있는 사람은 자신이 축소되었다는 사실을 전혀 알 수가 없다. 축소된 사람이 차고 있는 손목시계 또한 그 세계의 시계이므로, 그로서는 공간과 시간에 걸친 세계의 모든 일들이 오직 정상으로 보일 뿐이다.

이제 정상 세계의 운동장과 축소된 세계의 운동장을 그 출발선이 같도록 나란히 잇대어 놓고, 두 세계의 선수들이 동시에 달려나가게 했다고 상상하자.

10분의 1로 축소된 사람은 자신과 운동장이 모두 축소된 사실을 알지 못한 채, 10분의 1로 축소된 운동장의 끝까지 힘차게 달린다. 그가 운동장 끝에 도착하여 자기의 시계를 보았을 때, 출발한 시각에서 10초 경과해 있음을 알게 된다.

한편, 이와 동시에 정상 세계의 선수도 자기의 운동장 끝을 향해 초속 10미터의 스피드로 달려나간다. 이 선수가 옆에 나란히 놓여 있는 10분의 1로 축소된 세계의 운동장을 본다면, 그 길이는 그에게는 10미터로 보일 것이다. 그러므로 정상 세계의 선수가 축소된 운동장의 끝과 동일한 지점, 즉 10미터 지점을 통과할 때, 정상 세계의 시간은 1초 경과한다. 축소된 세계의 작은 사람이 자기 시간으로 10초 걸려 행한 일을 정상 세계의 사람은 1초만에 해낸 것이다.

이 경우, 만약 양 세계의 선수들이 서로의 달리는 모습을 볼 수 있다고 가정한다면 어떨까? 10분의 1로 축소된 세계의 선수는 자기보다 키가 10배나 더 큰 거인이, 마치 비디오 필름을 10분의 1속도로 돌리는 것처럼 느릿느릿한 동작으로 달리는 모습을 볼 것이다. 반대로, 정상 세계의 선수는 10분의 1로 축소된 작은 사람이 작은 운동장 끝을 향해 아주 잽싼 동작으로 달리는 모습을 보게 될 것이다.

왜 이런 현상이 나타나는 것일까?

그것은 공간의 크기가 변하면, 시간의 길이도 거기에 맞춰 변하기 때문이다. 물론 시간 자체의 길이가 변하는 것은 아니다. 공간의 크기가 변하는 경우, 그 속에 있는 사람은 시간의 흐름을 달리 경험한다는 의미이다.

10분의 1로 축소된 세계의 선수가 그의 시계로 10초 동안에 자기 운동장의 끝까지, 즉 100미터를 주파했을 때, 정상 세계의 선수는 그 동일한 지점, 즉 정상 세계의 10미터를 1초만에 통과한다. 말하자면, 10분의 1로 축소된 세계의 사람은 정상 세계의 시간이 1초 경과할 때 자기의 시간으로 10초 동안의 경험을 하는 것이다.

이것은 10분의 1로 축소된 세계에서는 시간의 흐름이 10배 길게 나타나는 것을 의미한다. 10분의 1로 축소된 세계에 사는 사람은 공간이 10배로 확대되어 보인다. 정상 세계의 10미터는 축소된 세계에서는 그 10배인 100미터로 보이는 것이다. 그러므로, 시간의 흐름은 공간이 확대되어 보이는 배율에 정확하게 비례하여 나타난다. 이것이 바로 우주를 관통하는 시간의 논리이며, 바로 시간의 비밀이다.

이 시간의 논리는 공간이 백분의 1로 축소되든, 천분의 1로 축소되든, 나아가 10^{30}분의 1로 축소되든 동일하게 적용된다. 공간이 백분의 1로 축소되면 시간의 흐름은 백 배 길게 나타나고, 천분의 1로 축소되면 시간의 흐름은 천 배 길게 나타날 것이다. 그리고 공간이 10^{30}분의 1로 축소된다면, 시간의 흐름은 당연히 10^{30}배만큼 길게 나타날 수밖에 없다. 필자는 이것을 프랙탈 시간 이론(Fractal Time Theory)이라 부르겠다.

그러나 이것은 아직 이론에 지나지 않는다. 이론이 진실로 승화되려면 관측 사실로써 이를 뒷받침하지 않으면 안 된다. 아인슈타인이 일반상대성 이론을 발표했지만, 실제적인 관측에 의해 확인되기 전까지는 그의 이론을 믿지 않는 사람이 많았다. 아인슈타인은 단 한 번의 검증으로 일약 세계적인 스타가 되었다.

시간에 관한 필자의 이론은 이미 밝힌 공간의 신(新)질서와 마찬가지로 그야말로 전인미답의 이론이다. 이 이론의 타당성을 입증하기 위해 필자 스스로 천문 관측을 행할 능력은 없다. 그러나 우주의 중요한 현상이 이 새로운 시간 논리로 설명될 수 있을 것이다. 그렇다면 필자의 이론은 입증된 것이나 다름없지 않겠는가?

어느 천문학자나 물리학자가 필자의 글을 여기까지만 읽어서는 앞으로 필자가 우주의 현상을 어떻게 이 새로운 이론으로 설명할지 전혀 예측할 수 없을 것이다. 아마도 난해하기 그지없는 대(大)우주가 이런 생소한 이론으로 설명될 리 만무하다고 생각할지도 모르겠다.

아인슈타인의 중력장 이론이 관측으로 입증되기 전까지 그것은 이론이라기보다는 일종의 예언이었다. 그의 예언적 이론이 관측에 의해 증명되었을 때 그는 굉장히 기뻤을 것이다. 필자의 프랙탈시간 이론도 지금 이 순간 독자 여러분에게는 하나의 예언이나 마찬가지일 것이다. 이제 현대 과학의 자료들을 사용하여 시간에 관한 필자의 예언을 증명해 보기로 하자.

필자가 프랙탈 시간 이론을 증명한 과정은 필자에게는 아주 특별한 경험이었고 또한 커다란 희열을 맛보게 해주었다. 아인슈타인이 느꼈을 기쁨의 크기를 필자로서는 정확히 알 수 없으되, 시간의 원리가 과학 자료에 의해 증명되었을 때 느꼈던 필자의 기쁨도 아마 그에 못지 않았을 것이다. 이제 그때의 환희를 독자 여러분과 함께 나누기 위해 필자의 이론이 증명된 과정을 자세히 이야기해 보고자 한다. 필자가 경험한 깊은 환희가 독자 여러분에게도 어느만큼은 전달될 수 있으리라고 생각한다.

원자의 회전 주기 예측

필자의 무한중첩 우주론에 따르면, 인접하는 두 단계의 세계에 있어서 공간의 크기 비는 대략 $[1:10^{30}]$으로 표시된다. 그리고 필자가 제시한 시간 원리에 따르면, 공간이 10^{30}분의 1로 축소된 세계에서는 시간이 10^{30}배로 길게 나타난다.

이 이론은 현실화될 수 있을 것인가?

이 문제를 해결하는 열쇠는 은하가 쥐고 있다. 은하의 모습을 찍은 사진은 흔히 볼 수 있다. 독자 여러분 중에서도 그런 사진을 본 적 없는 분은 아마 없을 것이다. 은하의 모습은 고속으로 회전하는 물체, 바로 그것이다. 아주 빠른 속도로 소용돌이치고 있는 듯한 물체 - 그러나 은하가 회전하는 것을 육안으로 관측하기는 불가능하다.

사진으로 보면 은하는 굉장히 빨리 회전하는 것 같지만, 실제로 망원경을 통해 보면 꿈쩍도 않고 정지해 있다. 왜 그럴까? 그것은 은하가 한 번 회전하는 데 무려 2억 년이라는 긴 시간이 걸리기 때문이다. 인간의 역사를 기준으로 할 때, 2억 년이란 그야말로 까마득한 시간이다. 은하의 회전 주기는 이토록이나 길기 때문에, 오로지 스펙트럼 분석을 통해 회전하고 있음을 추정할 수 있을 뿐이다.

  은하의 외양만으로 보면 분명히 고속으로 회전하는 것 같은데, 실제 회전 주기가 이처럼 긴 것은 무슨 까닭일까? 우리가 바라보는 저 광대한 우주는 거시 세계가 아니라 실은 미시 세계이기 때문이다. 우리는 미시 세계에 속한 존재들이다. 우리는 우리보다 10^{30}배나 더 큰 거대한 존재의 세포 속에 있다. 따라서, 우리가 우주에서 보는 모든 현상은 거대한 존재 내부의 미시 세계에서 일어나는 일인 것이다.

  은하의 회전 주기가 느리게 보이는 이유는, 우리가 경험하고 있는 공간에서 시간이 10^{30}배만큼 천천히 흐르는 것처럼 나타나기 때문이다. 우리가 은하의 회전 주기를 2억 년이라고 관측하는 것은 우리의 시계를 기준으로 한 것일 뿐, 우리를 담고 있는 거대한 존재에게는 그 시간이 아주 짧게 여겨질 것이다.

  거시 세계의 은하는 미시 세계의 원자에 대응한다. 그러므로 거대한 존재에게는 은하가 바로 원자로 보일 것이다. 그들이 그들의 시계로 측정하는 원자의 회전 주기는 극히 짧을 것이지만, 우리들에게는 그것이 은하로 보이기 때문에 그 회전 주기는 2억 년이라는 긴 시간으로 나타나게 된다.

  그 거대한 존재가 측정하는 원자의 회전 주기는 우리가 우리 몸속에 들어 있는 원자를 측정하여 구하는 원자 회전 주기와 동일할 것이다. 왜냐하면, 프랙탈 구조로 이어지는 우주에서 우리보다 한 단계 낮은 세계에 살고 있는 작은 존재에게는 우리 자신이 바로 거대한 존재가 되기 때문이다.

이제 원자의 회전 주기만 알면 필자가 발견한 시간 원리가 현실적으로 성립할 것인지 확인할 수 있다. 필자는 배 안에 있는 책이란 책은 모두 뒤져 보았다. 그러나 원자의 회전에 관해 언급한 책이 배 안에 있을 리 만무했다. 굉장한 진리를 발견해 낸 것 같기는 한데, 태평양 한가운데에서는 그것을 확인해 볼 방법이 없었다.

원자는 회전하는가?

원자는 얼마나 빨리 회전하는가?

그 해 가을 태평양 위를 항해하고 있던 필자에게는 이에 대한 지식이 전혀 없었다. 부산항에 도착하려면 아직도 일주일은 더 항해해야 하는데, 빨리 사실을 확인해 보고 싶은 마음에 그냥 훨훨 날아서 가고 싶은 심정이었다. 답답한 마음에 우선 가능한 만큼이라도 계산해 보기로 했다. 바다 한가운데에서 원자의 회전 주기를 확인할 수 있는 길은 없었지만, 필자의 프랙탈 우주론에 의거해서 그것을 계산해 내는 것은 가능할 것이다. 그리고 그 계산이 맞았는지 틀렸는지는 부산항에 도착하면 확인해 볼 수 있을 것이다. 필자는 크게 심호흡을 하고 마음을 가라앉힌 뒤 책상 앞에 앉았다.

은하가 1회전 하는 데 걸리는 시간은 약 2억 년이다. 2억 년이란 우리의 시간, 즉 거대한 존재의 세포 속 미시 세계에 살고 있는 인간이 경험하는 시간이다. 거대한 존재의 세포는 우리에게 반지름 150억 광년이라는 광대한 우주 공간으로 확대되어 보인다.

시간의 흐름은 공간이 확대되는 배율에 비례한다. 미시 세계와 거시 세계 사이에서 공간의 크기 비는 [원자 반지름 : 은하 반지름]과 같다. 그러므로, [원자 회전 주기 : 은하 회전 주기]는 [원자 반지름 : 은하 반지름]과 같을 것이다.

은하의 회전 주기는 2억 년, 원자 반지름은 1옹스트롬, 은하 반지름은 3만 광년이다. 우리가 아직 모르고 있는 요소는 원자의 회전 주기뿐이다.

원자의 회전 주기를 q로 두면,
q : 2억 년 = 1옹스트롬 : 3만 광년

이 식을 풀려면, 우선 2억 년을 초 단위로 환산한다.

2억 년 = 200,000,000(년) × 365(일) × 24(시간) × 60(분)
 × 60(초)
 = 6.31×10^{15}초

[원자 반지름 : 은하 반지름]은 이미 앞에서 계산한 바가 있다.

그러면 위의 식은,

ㅇ : 6.31 × 10^{15} = 1 : 2.84 × 10^{30}

바깥쪽 항끼리의 곱은 안쪽 항끼리의 곱과 같으므로,
 ㅇ × (2.84 × 10^{30}) = 6.31 × 10^{15}
 ㅇ = (6.31 × 10^{15}) ÷ (2.84 × 10^{30})
   = (6.31 ÷ 2.84) × 10^{15-30}
   = <u>2.22 × 10^{-15}초</u>

이렇게 하여 원자의 회전 주기는 2.22 × 10^{-15}초라는 해답이 나왔다. 원자가 한 번 회전하는 데 2.22 × 10^{-15}초 걸린다고 하면 얼핏 짐작이 가지 않는 사람도 많을 것이다. 그러므로 이 말을 바꾸어, 원자가 1초에 몇 바퀴 도는지 나타내면 오히려 이해하기 쉬울 것이다.

이런 것도 비례식으로 풀면 간단히 해결된다. 2.22 × 10^{-15}초에 한 바퀴이면, 1초에는 몇 바퀴일까?

그것은 다음과 같은 식으로 표시할 수 있다.

2.22 × 10^{-15} : 1 = 1 : ㅇ

바깥쪽 항끼리의 곱은 안쪽 항끼리의 곱과 같으므로,
 ㅇ × (2.22 × 10^{-15}) = 1
 ㅇ = 1 ÷ (2.22 × 10^{-15})

$$= (1 \div 2.22) \times 10^{15}$$
$$= 0.45 \times 10^{15}$$
$$= \underline{4.5 \times 10^{14}}$$

즉, 원자는 1초에 4.5×10^{14}번 회전한다는 결론이다.

그런데 이 수는 450조가 아닌가!

원자가 1초에 450조 바퀴를 돈다니, 필자는 믿어지지가 않았다. 필자가 그때까지 제일 빠른 회전체로 알고 있던 것은 자이로(gyro) 또는 자이로스코프(gyroscope)라고 하는 항해 장비였다. 자이로는 종래의 자석식 나침반 대신에 사용된다. 어떤 물체가 빠르게 회전할 때 그 회전축은 진북을 가리키는데, 자이로는 이 원리를 이용해 방향을 알 수 있는 장비이다.

자이로의 회전수는 매 분 12,000회, 즉 매 초 200회 정도인데, 빠른 회전체에 대한 필자의 감각은 겨우 이 정도였다. 그런데 1초에 450조 회전이라니!

이건 무언가 잘못 계산한 것이 아닌가 하고 몇 번이나 검토를 해 보았지만, 계산이야 너무나 단순한 것이어서 의문의 여지가 없었다. 필자의 우주론이 옳다면, 원자의 회전수는 이렇게 결정될 수밖에 없다. 그러나 원자도 물질이 아닌가? 물질계에서 1초에 450조 번이나 회전하는 것이 과연 존재할까? 부산항에 도착할 때까지 필자는 내내 이 의문에 시달렸다.

마침내 부산항에 도착했다. 수많은 항해를 겪어 왔지만, 항해가 그토록 지루하게 느껴진 적도 없었다. 하역 업무를 점검한 뒤, 필자는 곧바로 시내 중심가의 대형 서점으로 서둘러 갔다. 그리고는 원자의 회전 주기에 관해 쓴 책이 어디에 있을까 하고 여러 책들을 뒤져 보기 시작했다. 몇 권의 책을 살펴본 결과, 그 문제는 양자역학과 관련이 있는 것 같았다. 양자역학, 이건 진짜 물리학이 아닌가 !

필자는 양자역학이 무엇인지 일단 그것부터 알기 위해 마음을 가다듬고 공부하지 않으면 안 되었다. 그렇게 서점에서 선 채로 책을 들여다 본다고 그 어려운 양자역학이 이해될 리야 없었지만, 괴로운 다리를 버티면서 무려 여섯 시간이나 공부한 결과 겨우 어느 정도의 의미를 알 것 같았다. 그리고는 대학 물리학 교재에 필자가 원하는 자료가 있으리라고 기대하며 찾아보기 시작했다.

적중한 예측

몇 권째인가 두껍디 두꺼운 물리학 교재들을 살펴보던 필자는 데이빗 할리데이(David Halliday)와 로버트 레즈닉(Robert Resnick) 공저 'Fundamentals of Physics(기본물리학)'이라는 책에서 마침내 숨이 멎을 만큼 놀라운 내용을 발견했다. '수소 원자에 적용한 대응원리'에 의거해 원자의 회전 진동수를 나타낸 표를 찾아 낸 것이다. '대응원리'란 원자의 구조를 설명하는 닐스 보어(Niels Bohr: 1885~1962)의 이론이다. 그 책의 제42장 'Light and Quantum Physics(빛과 양자물리학)'에 실려 있는 표에서 관련 부분을 발췌하면 다음과 같다.

양자수(n)	궤도상의 회전 진동수(Hz)
2	8.2×10^{14}
5	5.26×10^{13}
10	6.57×10^{12}
50	5.25×10^{10}

닐스 보어는 덴마크의 물리학자로서, 그 탁월한 업적으로 인해 덴마크에서 국민적 영웅으로 사랑받는 인물이다. 그는 원자의 구조를 규명하는 데 최초로 양자론을 도입한 학자이며, 1922년에 노벨상을 수상했다.

보어의 이론은 양자역학의 고전적인 이론으로서, 모든 원자들의 구조를 해석할 수 있는 것은 아니다. 그러나 그의 이론을 수소 원자에 적용할 경우에는, 이론에 따른 계산치와 실제 관측 자료가 정확하게 일치한다.

"원자는 여러 가지의 에너지 상태를 갖는데, 원자가 한 에너지 상태에서 그보다 낮은 에너지 상태로 옮겨 갈 때, 그 에너지의 차이가 일정한 진동수를 가지는 빛이 되어 방출된다."라고 보어는 설명한다.

원자의 에너지 상태는 양자수(量子數)로 표시된다. 원자로부터 방출되는 빛의 스펙트럼은 여러 가지 파장의 빛으로 구성되어 있으며, 그 중 가시광선부는 양자수 2에 해당된다.

일반적인 은하의 관측 자료는 모두 우리 육안으로 보이는 모습, 즉 은하의 가시광선부를 관측한 결과이다. 은하의 회전 주기 역시 가시광선부를 관측한 것이다. 그러므로 이에 대응하는 원자의 회전 주기도 가시광선부를 관측한 것이어야 한다.

원자의 스펙트럼 중 가시광선부의 양자수는 2이므로, 앞의 표에서 이에 해당되는 원자의 회전 진동수는 매 초 8.2×10^{14}회이다.

필자는 그 자리에서 이 경우의 원자 회전 주기를 계산해 보았다. 8.2×10^{14}번 회전하는 데 1초 걸린다면, 한 번 회전하는 데에는 몇 초 걸리는가? 그것은 다음과 같은 식으로 표시된다.

$8.2 \times 10^{14} : 1 = 1 : q$
$q \times (8.2 \times 10^{14}) = 1$
$q = 1 \div (8.2 \times 10^{14})$
$\quad = (1 \div 8.2) \times 10^{-14}$
$\quad = 0.122 \times 10^{-14}$
$\quad = \underline{1.22 \times 10^{-15}}$

즉, 원자의 회전 주기는 1.22×10^{-15}초이다.

이것은 필자가 태평양을 횡단하던 중 양자역학에 대해 전혀 모르던 상태에서 계산했던 결과와 거의 같지 않은가! 필자가 계산한 바에 따르면, 원자의 회전 주기는 2.22×10^{-15}초, 그리고 매 초 회전수는 4.5×10^{14}회였다.

보어의 계산치가 수소 원자에 관한 것인 반면에, 필자가 계산한 회전 주기는 어떤 원자에 관한 것인지를 결정할 수가 없다. 왜냐하면 은하의 회전 주기 2억 년이라는 것은 은하의 평균적인 회전 주기를 말하는 것일 뿐, 어떤 은하가 어떤 원자에 대응하는지 아직은 알 수 없기 때문이다. 그러나 10배의 편차가 용인되는 점을 고려하면, 필자의 계산은 원자의 실제 회전 주기와 거의 같다고 말할 수 있을 것이다. 만약 우리가 은하들 중에서 수소 원자에 대응하는 은하를 정확히 가려 낼 수 있다면, 그리고 그 은하의 회전 주기를 측정하여 보어의 계산치와 비교한다면, 그 둘이 정확하게 일치하는 것을 볼 수 있을 것이다.

필자의 프랙탈 시간 이론이 양자 역학에 의해 검증된 것을 확인한 순간 필자의 전신에 휘몰아쳤던 환희를 말로써는 다 표현하기 어렵다. 그것은 기쁨이라기보다는 차라리 전율에 가까운 느낌이었다.

이제 우리는 무한 우주에 작용하는 시간의 비밀을 알게 되었다. 시간의 흐름은 확대된 공간의 크기에 비례한다. 여기에는 규모의 차이만 있을 뿐 신비는 없다.

4차원 세계도 5차원 세계도 없다. 있는 것은 10^{30}의 배율로 이어지는 프랙탈 구조의 각 단계뿐인 것이다.

회전 주기의 편차

 필자와 토론한 어떤 학자는, "은하의 회전 주기를 2억 년이라고 하는 것은 단지 편의상 그렇게 표현할 뿐, 은하 내의 각 지점마다 회전 주기는 모두 다르기 때문에 단일의 회전 주기를 결정할 수 없고, 따라서 당신의 계산은 성립하지 않는다."라고 지적했다. 은하의 회전 주기가 위치에 따라 다르다는 그의 말은 옳다.

 대영백과사전 제7권 중 'Galaxy, External – Rotation of spiral galaxies(외부은하 – 나선은하들의 회전)' 편에서 은하의 회전에 관한 부분을 인용해 보자.

 The time for one rotation in a well-studied spiral galaxy, NGC 5055, varies from about 20,000,000 years near its centre to 200,000,000 years at its outer edges.
 "자세하게 연구된 나선 은하 NGC 5055가 한 번 회전하는 데 걸리는 시간은 그 중심 부근에서 약 2천만 년이며, 바깥 경계에서는 약 2억 년이다."

은하의 회전 주기가 은하 내의 위치에 따라 다르다는 것은 분명하다. 우리 은하계의 사정도 물론 마찬가지이다. 태양이 은하계의 중심을 한 바퀴 공전하는 데에는 2억여 년이 걸리지만, 은하계의 중심 부근에서는 약 2천만 년, 그리고 태양계보다 외곽 지대에서는 2억 년보다 더 오랜 시간이 소요된다.

그런데 우리는 은하의 회전 주기를 확정할 수 없을 뿐만 아니라, 원자의 회전 주기 또한 확정할 수가 없다. 위에서 원자의 회전 주기를 1.22×10^{-15}초로 표현한 것은 단지 양자수가 2인 수소 원자의 경우에 해당하는 것일 따름이다. 그러므로 수소 원자 이외에 다른 원자의 경우에는 당연히 그 회전 주기도 달리 나타날 것임은 자명한 사실이다.

그러나 무한 우주의 실체를 규명하기 위한 이 책의 계산에서 우리는 10배의 편차를 용인하고 있다. 원자의 회전 주기와 은하의 회전 주기를 비교하는 데 있어서 계산 결과에 10배의 편차를 허용한다면, 여간해서 그 편차를 벗어나는 일은 없다. 은하의 회전 주기를 2억 년이라고 잡으면 은하계보다 더 큰 은하이건 더 작은 은하이건, 혹은 측정 대상 지점이 은하의 안쪽이든 바깥쪽이든, 어느 경우에라도 대체로 10배의 편차 속에 포함된다.

원자에 관해서도 마찬가지로 이야기할 수 있다. 세포를 이루는 주요 원소는 수소, 산소, 탄소, 그리고 질소이다. 사람의 신체를 예로 들면, 사람은 대략 63%의 수소, 25.5%의 산소, 9.4%의 탄소, 1.4%의 질소 및 0.7%의 기타 원소로 이루어져 있다. 수소, 산소, 탄소 및 질소의 함량을 모두 합하면 99.3% 로써, 우리 몸의 거의 대부분을 차지하고 있다. 그런데 산소, 탄소 및 질소는 공교롭게도 수소와 가장 근접한 전자 껍질을 갖는 원자들이다. 이들의 화학적 성질은 물론 다르지만, 10배의 편차가 용인되는 우리의 계산에서 그 회전 주기의 차이는 무시할 수 있을 만큼 작다.

그렇지만 혹시 이렇게 말할 분도 있을지 모르겠다. "10배의 편차는 과도한 것이 아닌가?" 라고.

필자가 10배의 편차를 용인할 것을 제안한 이유는, 우주에서 – 거시 세계든 미시 세계든 – 우리가 동종의 요소라고 말할 수 있는 물체들의 규모를 살펴보았을 때, 그 최고치는 최저치의 대략 10배 정도인 것을 이해했기 때문이다. 거시 세계와 미시 세계를 비교함에 있어서 상호간에 대응하는 요소를 확정할 수만 있다면 편차 같은 것은 필요 없을 것이다. 그러나 우리의 지식이 아직 거기까지는 미치지 않기 때문에, 계산상의 방편으로서 10배의 편차를 용인하는 것은 합리적인 수단이 되는 것이다.

만약 무한중첩 우주론이 근거 없는 이야기라면, 편차는 고사하고 이런 계산을 시도하는 것 자체가 넌센스일 따름이다.

분자와 국부은하군의 운동

　서점에 들렀을 때 필자가 제일 먼저 들춰 보는 책은 화보가 많이 들어 있는 과학 잡지이다. 과학 잡지에 실린 그림과 사진들은 필자의 마음을 온통 사로잡는다. 그것들은 화려하면서도 장중하고, 또한 더없이 환상적이다. 그러나 필자가 그런 그림을 즐겨 보는 데에는 또 다른 이유가 있다. 화려하고 역동적인 그 그림들이 때때로 필자의 영감을 일깨우는 역할을 하기 때문이다. 현실 문제의 해답은 현실 속에서 찾아야 한다. 필자는 항상 우주의 비밀을 탐색하고 있으므로, 우주의 모습을 담은 사진이나 그림을 보는 것은 영감을 떠올리기에 더없이 좋은 방법이 된다.

　1993년 봄, 자주 들르는 중심가의 서점에서 신간 과학 잡지를 뒤적이던 필자는 문득 한 장의 그림에 시선이 못박혔다. 그것은 국부은하군 안에 있는 각 은하들의 운동 방향과 운동량을 나타낸 그림이었다. 거기에 표현된 은하들의 운동 상태는 얼마 전 어느 대학 교재에서 본 적 있는 다원자 분자(**多原子分子**) 내에서의 원자들의 운동 상태와 흡사했다.

그때 필자의 머리에 전광석화와도 같이 빅뱅 이론을 논리적으로 비판할 수 있는 방법과, 분자와 국부은하군을 합리적으로 비교할 수 있는 방법이 떠올랐다. 서둘러 집에 돌아온 필자는 대영백과사전에서 기대했던 자료를 찾아 내고서는 곧바로 계산해 보았다. 결과는 그 그림을 보던 순간 떠올랐던 생각과 일치했다. 제1장에 실린 '의문의 제기'의 줄거리는 이때 정리된 것이다.

원자의 회전 주기와 은하의 회전 주기에 10^{30}의 배율이 개재함을 밝혀 낸 필자는, 프랙탈 우주론의 구색을 갖추기 위해서는 시간에 관해 적어도 하나의 예가 더 필요하다고 생각하던 중이었다. 그러던 차에 국부은하군 내에서 은하들이 운동하는 모양을 표현한 그 그림이 정확한 단서를 제공했던 것이다.

시간의 문제는 공간보다 훨씬 다루기가 까다롭고, 또 이해하기도 어렵다. 왜냐하면, 시간은 실체가 없으므로 사진을 찍을 수도 그림으로 그릴 수도 없기 때문이다. 시간을 다루는 데에는 단지 치밀한 논리가 요구될 뿐이다. 이제 무한 우주를 지배하는 시간 원리를 재확인하기 위해 또 하나의 놀라운 사실을 독자 여러분에게 자세하게 보여 드리고자 한다.

우주에서 일어나는 일에 우연이란 없다. 모든 현상은 필연적인 법칙을 따른다. 10^{30}이라는 상수는 무한 우주를 관통하는 질서를 표상한다. 우주의 모든 현상은 이 질서의 지배를 받고 있다. 그러므로 분자와 국부은하군도 당연히 이 질서에 따른 운동을 할 것이라고 예측할 수 있다. 거시 세계와 미시 세계 사이에서 시간의 흐름은 확대된 공간의 크기에 비례하여 변화한다. 그러므로, 분자와 국부은하군의 운동 주기 비(比) 또한 대략 [1 : 10^{30}]의 값을 나타낼 것이다.

미시 세계의 분자는 거시 세계의 은하군에 대응한다. 수 개 내지 수십 개의 원자들이 결합하여 분자를 만들고, 수 개 내지 수십 개의 은하들이 모여 국부은하군과 같은 소규모 은하군을 형성한다. 분자가 자연계에서 물질의 특성을 갖는 최소 단위이듯이, 우주에서도 소규모 은하군은 보편적인 형태이다.

분자를 구성하는 원자들은 상호 간의 인력으로 결합되어 있고, 국부은하군의 은하들도 상호 간의 중력으로 구속되어 있다. 국부은하군에 속한 은하들이 우주 공간에 흩어지지 않고 일정한 구역에 모여 있는 이유는 상호 간에 중력이 작용하고 있기 때문이다. 은하들은 보이지 않는 중력의 끈에 의해 서로 연결되어 있으며, 그들은 국부은하군 전체의 중력 중심 주위를 공전하고 있다.

마찬가지로, 원자들을 분자 구조 안에 묶어 놓는 힘도 상호 간에 작용하는 인력이다. 분자를 이루는 원자들은 상호 간에 진동하면서, 또한 인력 중심 주위를 도는 복합적인 운동을 하고 있다.

기체 분자의 경우, 표준적인 진동 운동은 매 초 10^{13}회 일어나며, 공전 운동은 매 초 10^{11}회 일어난다. 그런데 분자 운동은 분자의 상태에 따라 달리 나타난다. 즉, 기체, 액체 및 고체 상태에서의 분자 운동은 각각 다르다.

환상적인 분자의 세계

분자의 운동을 생각해 보면 참으로 환상적인 아름다움을 느낀다. 필자가 이 주제에 관심을 갖기 전까지는 분자 내에서 원자들이 어떻게 움직이는지 전혀 알지 못했다. 원자들은 그냥 상호간의 인력으로 결합되어 있다는 정도의 초보적인 지식을 가졌을 뿐, 그 움직임이 그토록 격렬하면서도 또한 잘 조화된 아름다움을 지니고 있을 줄이야 상상조차 해 보지 않았다.

이런 사정은 대부분의 독자들에게도 마찬가지라고 생각되므로, 대영백과사전에서 이 주제와 관련된 몇 대목을 인용해 보기로 하겠다. 독자들도 머릿속으로 분자의 움직임을 그려 보면서 그 환상적인 아름다움을 즐길 수 있으리라고 생각한다.

대영백과사전 제12권의 'Molecular Structure(분자 구조)' 편 중에서 'Historical background of structural concepts(구조에 관한 개념의 역사적 배경)' 및 'Motions preserving molecular integrity (분자 결합을 보전시키는 운동)' 항에 수록된 내용 중 일부를 인용한다.

In addition to the movements of the molecules themselves through the gases and liquids that they constitute (translation), the various parts of the molecular structure itself are in continuous motion.

"분자들로 구성된 기체나 액체 속에서 분자 자체가 이동하는 것(**轉移**) 외에도, 분자 구조 내의 여러 부분들은 지속적인 운동을 하고 있다."

This internal motion may take the form of vibrations in which atoms and groups of atoms move back and forth, increasing and decreasing the distances between them and opening and closing the angles made by their bonds.

"이 내부 운동은 원자 및 일단의 원자들이 그들 사이의 거리를 넓히거나 좁히면서, 또한 원자 간의 결합 축이 만드는 각도를 벌리거나 좁히면서 전후로 움직이는 진동의 형태를 띤다."

In complex molecules, groups may rotate about portions of the structure.

"복합 분자에서는, 원자 집단들은 분자 구조의 어느 부분 주위를 돈다."

These motions are fast and frequent, typical vibrations taking place on a timescale of 10,000,000,000,000(10^{13}) per second; rotations are somewhat slower(typically 100,000,000,000 [10^{11}] per second).

"이러한 운동의 속도는 빠르고 횟수가 많은데, 전형적인 진동 운동은 매 초 10^{13}(= 10조) 번 정도 일어나며, 전형적인 회전 운동은 그보다 좀 느린 매 초 10^{11}(= 천억) 번 정도이다."

Molecular motion in the liquid phase is more difficult. Translation is impeded because the molecules are tightly packed. Even rotations will be relatively rare unless the molecules are almost spherical or are nearly cylindrical about one axis. The bond vibration frequencies will still be higher by almost tenfold.

"액체 상태에서 분자의 운동은 더 어렵다. 분자들은 빽빽하게 밀집해 있기 때문에 전이(轉移)가 방해받는다. 회전 운동 역시, 분자의 형태가 거의 구형(球形)이거나 단일축 주위의 원통형일 경우를 제외하고는, 상대적으로 감소한다. 그러나 결합 축의 진동수는 거의 10배나 더 증가한다."

분자 구조 안에서 원자들이 행하고 있는 운동을 현실적 감각으로 이해하기 위해서는 우리들의 상상력을 총동원하지 않으면 안 된다. 원자들이 매 초 450조 바퀴씩 자기축을 중심으로 돌고 있음은 앞에서 원자와 은하의 회전 주기를 비교할 때 설명한 바 있다. 매 초 450조 바퀴씩 자전하는 원자들이 서로 간에 매 초 10조 번씩 전후로 진동하면서, 또 분자 전체의 인력 중심 주위를 매 초 천억 번씩 돌고 있는 모습을 머릿속에 한번 그려 보자. 우리들의 통상적인 감각으로는 도저히 상상할 수 없는 엄청난 소용돌이가, 외견상 평온하게만 보이는 물질계(物質界)의 내부에 휘몰아치고 있는 것이다.

그러나 이러한 현상들을 미시 세계의 관점에서 보게 되면 사정은 완전히 달라져 버린다. 매 초 450조 바퀴라는, 정신이 아득할 정도로 빠르게 회전하는 원자는 미시 세계에 살고 있는 존재들에게 은하로 나타나고, 그리고 그것이 한 번 회전하는 데에는 그들의 시간으로 무려 2억 년이나 걸리는 것으로 보인다. 이렇게 되는 까닭은, 이제 독자 여러분도 충분히 이해하다시피, 미시 세계에서는 시간의 흐름이 공간의 크기가 확대되는 데 비례하여 10^{30}배로 길게 나타나기 때문이다.

시간 원리의 재확인

 액체 상태에서는 분자들이 밀집하여 상호 간격이 좁아지므로 이동성이 저하된다. 그리고 분자의 형태에 따라서는 원자들이 분자 전체의 인력 중심 주위를 도는 속도도 상대적으로 느려진다. 그런 반면에 원자들 상호 간의 진동 운동은 오히려 더 빨라진다.
 세포 내부의 환경은 액체 상태이다. 그러나 동일 분자들끼리 모여 있는 전형적인 액체는 아니다. 세포 내부에는 여러 종류의 분자들이 섞여 있으며, 장소에 따라 분자들의 밀집도가 다르다.
 우리 은하계를 포함하는 국부은하군은 하나의 분자에 대응하는데, 은하계 맞은편에 있는 안드로메다 은하까지의 거리는 약 250만 광년이다. 그런데 이 거리는 은하단 내에서의 평균적인 은하 간 거리보다 상당히 먼 것이다. 이는 국부은하군의 내부 운동 범위가 다른 은하군들보다 넓다는 것을 의미하며, 또한 그 운동이 다른 은하군들의 영향을 별로 받지 않는다는 것을 의미한다. 이상의 사실들을 종합해 볼 때 국부은하군은 상당히 자유롭게 운동한다고 볼 수 있으므로, 앞으로 국부은하군을 기체 분자에 대응시켜 생각해 보기로 하자.

　분자 구조 안에서 원자들은 상호 진동하면서 전체 인력 중심 주위를 돌고 있는데, 진동수는 매 초 10조 번이고 회전수는 매 초 천억 번이다. 즉, 진동 운동이 회전 운동보다 100배 정도 더 빠르다. 다시 말하면, 원자들이 한 바퀴 회전하는 동안 서로 간에 100번 정도 진동하는 셈이 된다.

　빠르게 진동하면서 상대적으로 100배 천천히 회전하는 원자들의 모습을 상상해 보자. 이 경우, 우리가 만약 원자들의 움직임을 직접 볼 수 있다면, 빠르게 진동하는 모습이 주로 부각될 것이다. 원자들은 서로 접근했다가 멀어지는 동작을 매우 빨리 되풀이하고, 그럴 때마다 조금씩 인력 중심 주위를 돈다. 그러므로 외견상 나타나는 원자들의 운동량은 거의 진동 운동에 의한 것이라고 보아도 무방하다.

　국부은하군은 분자에 대응하므로 은하군을 구성하는 은하들은, 분자를 구성하는 원자들과 마찬가지로, 당연히 전체 중력 중심 주위를 공전함과 함께 상호 간에 진동 운동을 하고 있을 것이다. 또한 분자에서와 마찬가지로, 국부은하군의 진동 운동은 공전 운동보다 100배 빠른 속도로 행해지고 있을 것이다. 따라서, 국부은하군의 운동과 관련하여 우리가 관측할 수 있는 은하들의 운동량은 대부분 진동 운동에 의한 것이라고 추정할 수 있다. 이와 같은 이유로, 분자와 국부은하군의 운동을 비교하는 데 있어서는 공전 운동은 무시하고, 진동 운동만을 고려하는 것이 타당할 것이다.

　국부은하군은 우리 은하계와 안드로메다 은하를 연결하는 선을 축으로 주위에 모두 30여 개의 은하가 모여 있는 은하군의 하나이다. 안드로메다 은하는 우리 은하계의 중심을 향해 초속 300km로 접근하고 있는데, 태양계가 은하계의 중심 주위를 공전하는 과정에서 현재의 운동 방향이 안드로메다 은하 쪽으로 향하고 있는 것을 감안하면, 안드로메다 은하의 실제적인 접근 속도는 초속 50km 정도이다. 이것은 안드로메다 은하의 진동 운동에 따른 이동 속도로 해석할 수 있다.

　그러면 안드로메다 은하가 한 번 진동하는 데에는 시간이 얼마나 걸릴까? 이 계산은 간단하다. 안드로메다 은하가 한 번 진동하는 동안 이동하는 거리를 구한 뒤, 이를 접근 속도, 즉 초속 50km로 나누어 주면 된다.

　안드로메다 은하가 현재의 위치에서 국부은하군의 중심까지 왔다가 다시 제자리로 돌아가면 한 번의 진동이 완료되므로, 이 과정의 총 이동 거리는 약 250만 광년이다. 따라서, 250만 광년의 거리를 초속 50km로 나누면 안드로메다 은하의 진동 주기를 구할 수 있다.

　우선 250만 광년을 킬로미터 단위로 환산하면,
　2,500,000(년) × 365(일) × 24(시간) × 60(분) × 60(초)

× 300,000km
= 2.37 × 10^{19}km

이를 초속 50km로 나누면,
(2.37 × 10^{19}) ÷ 50 = 4.73 × 10^{17}초

즉, 국부은하군의 진동 주기는 4.73 × 10^{17}초로 표시된다.

분자의 전형적인 진동수는 10^{13}회이다. 그러므로 분자가 한 번 진동하는 데 걸리는 시간, 즉 분자 진동 주기는 10^{13}분의 1초(= 10^{-13}초)이다.

이제 분자와 국부은하군의 진동 주기 비(比)를 계산해 보자.

분자 진동 주기 : 국부은하군 진동 주기
= 10^{-13}초 : 4.73 × 10^{17}초

여기서 분자의 진동 주기를 1로 하고, 국부은하군의 진동 주기를 q로 두면,
1 : q = 10^{-13} : 4.73 × 10^{17}

안쪽 항끼리의 곱은 바깥쪽 항끼리의 곱과 같으므로,

$$q \times 10^{-13} = 4.73 \times 10^{17}$$
$$q = (4.73 \times 10^{17}) \div 10^{-13}$$
$$= 4.73 \times 10^{17+13}$$
$$= \underline{4.73 \times 10^{30}}$$

즉,
<u>분자 진동 주기 : 국부은하군 진동 주기 = 1 : 4.73 × 10^{30}</u>

이 계산 역시 무한비례상수 10^{30}을 지니는 깨끗한 결과를 보여주고 있다. 거시 세계와 미시 세계는 무한중첩 구조로 이어지며, 인접하는 두 단계의 세계 사이에서 시간의 흐름은 공간이 확대되는 배율에 비례하여 변한다는 필자의 프랙탈 시간 이론이 다시 한번 과학적으로 확인된 것이다.

안드로메다의 순수 운동

그런데 국부은하군의 운동을 보다 정확하게 표현하려면 아직 더 고찰해 보아야 할 점들이 있다. 그것은 적색편이 현상과 관련이 있는데, 이를 살펴보는 것은 앞에서 한 계산을 보완하기 위한 목적보다는 우주의 보다 기초적인 면을 함께 생각해 보는 데 그 뜻이 있다.

빅뱅 이론은 은하들이 모두 멀어지고 있는 현상을 관측한 것이 그 시발점이 되었다. 만약 은하들이 멀어지지 않는다면 빅뱅은 생각할 수도 없었을 것이다. 그러나 필자의 프랙탈 우주론은 빅뱅 이론과는 그 출발점부터 다르다. 그러므로 은하들이 모두 멀어지고 있다는 이야기도 새로운 논리에 합당하게 해석해 볼 수 있을 것이다.

그런데 사실은 은하들이 멀어지는 현상을 우리들이 직접 관측할 수 있는 것이 아니다. 그것은 은하들의 스펙트럼에 나타나는 적색편이를 은하들이 우리로부터 멀어지기 때문이라고 '해석'한 것일 따름이다. 어떤 광원(光源)이 관측자로부터 멀어지면 빛의 파장은 길어지고, 그 결과 스펙트럼에는 적색편이가 나타난다. 그러므로 스펙트럼상에 적색편이가 생기면 해당 광원은 당연히 관측자로부터 멀어지는 것으로 해석된다.

프랙탈 우주론이 진실이라면 빅뱅은 없었고, 따라서 적색편이도 은하의 후퇴로 해석할 필요가 없다. 만약 적색편이가 은하들의 후퇴를 의미하는 것이 아니라면, 그것을 어떻게 해석해야 할 것인가?

과거에 정상 우주론을 지지하던 학자들은 은하들의 스펙트럼이 한결같이 나타내는 적색편이 현상이 은하들의 후퇴로 인한 것이 아니라고 주장하며 여러 가지로 해석을 시도했으나, 모두 성공하지 못했다. 그럼 우주는 무한중첩 구조를 가지며, 우리가 속한 이 우주는 거대한 존재의 내부에 있는 하나의 세포에 해당된다는 프랙탈 우주론의 관점에서 적색편이를 새롭게 해석해 보기로 하자.

우리가 보고 있는 반지름 150억 광년의 우주는 하나의 거대한 세포이다. 세포 내부의 환경은 끊임없이 졸(sol)에서 겔(gel)로, 다시 겔에서 졸로 변화하고 있다. 졸이란 세포의 원형질이 액체 상태인 것을 말하며, 겔이란 원형질이 유동성을 잃고 응고된 상태를 말한다. 우주는 하나의 세포에 대응하므로, 우주 공간도 세포의 내부처럼 졸에서 겔로, 또는 겔에서 졸로 변화하고 있을 것이다. 한 번 변화하는 데 비록 영겁의 시간이 걸리겠지만, 변화는 분명히 진행되고 있을 것임에 틀림없다.

우주 공간에 진공이란 존재하지 않는다. 공간은 눈에 보이지 않는 물질로 가득 채워져 있다. 지금 우주 공간이 졸에서 겔로 변하는 중에 있다고 하자. 그러면 공간의 물질 밀도는 점점 높아질 것이며,

이렇게 변화하고 있는 공간을 통과해 오는 빛은 그 영향을 받아 파장이 점점 길어질 것이다. 우리에게서 멀리 떨어진 은하일수록 그로부터 오는 빛은 공간의 변화에 더 많이 노출되고, 따라서 적색편이도 더 크게 나타날 것이다.

이것이 필자가 추리하는 적색편이 현상의 원인이다. 적색편이 현상에 관한 필자의 견해는 과학자들이 세포와 우주를 비교 연구하게 될 때 그 타당성이 밝혀질 수 있을 것이라고 기대해 보지만, 현재로서는 어디까지나 그렇게 추측할 뿐이다.

은하들의 스펙트럼에 나타나는 적색편이가 실제적인 은하의 후퇴를 의미하는 것이 아니라 하더라도, 은하들은 외견상 후퇴하고 있는 것처럼 보인다. 그렇기 때문에, 분자와 국부은하군의 진동 주기를 비교할 때에는 이것을 고려에 넣지 않으면 안 된다.

적색편이 현상에 의해 계산되는 은하들의 후퇴 속도는 100만 광년당 초속 25km이다. 즉, 우리로부터 100만 광년 거리에 있는 은하는 초속 25km의 속도로 후퇴하는 것처럼 보이며, 또 500만 광년 거리에 있는 은하라면 그 다섯 배인 초속 125km로 후퇴하는 것처럼 보인다.

그러므로 우리로부터 250만 광년 떨어져 있는 안드로메다 은하의 스펙트럼은, $25 \times 2.5 = 62.5$km/sec 즉, 초속 62.5km로 후퇴하는 것만큼의 적색편이를 보여야 한다. 만약 안드로메다 은하가 초속 62.5km로 우리에게 접근하고 있다고 가정한다면, 그 접근 속도는 250만 광년이라는 거리로 인한 적색편이 효과와 상쇄되어 안드로메다 은하는 제자리에 가만히 정지해 있는 것처럼 보일 것이다. 따라서, 안드로메다 은하가 우리 쪽으로 다가오는 것처럼 보이기 위해서는 우선 그 실제 접근 속도가 250만 광년의 거리로 인한 적색편이 현상을 뛰어넘지 않으면 안 된다.

현실적으로 안드로메다 은하의 스펙트럼은 청색편이를 나타내고 있는데, 이는 안드로메다 은하 자체의 운동보다는 태양이 은하계 주위를 공전하는 중에 현재 안드로메다 은하 쪽으로 운동하고 있는 것에 더 큰 영향을 받고 있다.

안드로메다 은하의 청색편이를 속도로 환산하면 초속 300km 정도이며, 여기에서 태양의 운동 효과를 빼면 그 실제 접근 속도는 초속 50km 정도이다. 그러나 이것은 250만 광년의 거리로 인한 적색편이 효과를 극복한 속도이므로, 안드로메다 은하의 진정한 접근 속도는 외관상 속도에 적색편이 효과를 극복하기 위해 상실한 속도를 더해 주어야만 될 것이다. 따라서, 안드로메다 은하의 실제 접근 속도는 초속 50km에다 62.5km를 더한 속도, 즉 초속 112.5km라고 하는 것이 옳다.

그렇지만 이 속도는 아직 안드로메다 은하의 순수한 접근 속도라고 말할 수 없다. 왜냐하면, 이 속도는 우리 은하계가 제자리에 정지해 있는 것을 기준으로 한 안드로메다 은하의 상대 속도이기 때문이다. 은하계도 국부은하군의 일원이므로 당연히 안드로메다 은하와 같은 진동 운동을 수행하고 있을 것이며, 양자의 진동 속도는 거의 같을 것이다. 안드로메다 은하의 접근 속도 초속 112.5km는 우리 은하계의 진동 운동을 포함하는 값이며, 따라서 안드로메다 은하의 순수 접근속도는 112.5km의 반인 초속 56km라고 하는 것이 정확하다.

그런데 이 모든 변수를 고려에 넣고 계산한 안드로메다 은하의 순수 접근 속도가 초속 56km로 결정됨으로써, 우리가 앞에서 분자와 국부은하군의 진동 주기를 비교할 때 사용한 초속 50km와 비슷하여 최종 계산 결과는 별반 다를 바가 없다.

안드로메다 은하가 초속 56km로 250만 광년을 이동하는 데 걸리는 시간, 즉 안드로메다 은하의 실제 진동 주기를 계산해 보면 4.23×10^{17}초가 된다.

시간의 새 질서

안드로메다 은하가 1회 진동하는 데 걸리는 시간 4.23×10^{17}초를 년 단위로 환산하면 약 134억 년이다. 국부은하군은 하나의 분자에 대응하므로, 그 안의 은하들은 분자 속의 원자들처럼 진동 운동을 함과 동시에 국부은하군의 중력 중심 주위를 도는 공전 운동을 하고 있을 것이다. 이 공전 속도는 진동 속도의 100분의 1이 될 것이므로, 국부은하군을 구성하는 은하들이 한 번 공전하는 데 걸리는 시간은 진동 주기의 100배, 즉 134억 년의 100배인 1조 3,400억 년이 된다.

그러나 이렇게 긴 시간도 우리의 우주가 하나의 세포에 불과한 거대한 존재에게는 겨우 분자가 한 바퀴 도는 시간, 즉 천억분의 1초라는 짧은 시간에 지나지 않는다. 그야말로 무량겁일념이요, 일념무량겁이다. 시간은 바로 이와 같은 질서에 따라 무한 우주를 관통하여 흐른다.

그럼, 무한중첩 구조로 이어지는 우주 속에서 확장된 공간의 크기에 비례하여 변화하는 시간의 흐름을 다시 정리해 보자.

　원자의 회전 주기 : 은하의 회전 주기
　　$= 2.22 \times 10^{-15}$초 : 2억 년
　　$= 1 : 2.84 \times 10^{30}$

　분자의 진동 주기 : 국부은하군의 진동 주기
　　$= 10^{-13}$초 : 4.23×10^{17}초
　　$= 1 : 4.23 \times 10^{30}$

　공간과 시간에 걸친 이 모든 계산 결과에 대해 평가할 수 있는 길은 세 가지뿐이다. 첫째는 무한중첩 우주론이 타당하다고 하든가, 둘째는 이 모든 계산 결과가 단지 우연의 연속일 뿐이라고 하든가, 셋째는 이 모든 계산을 필자가 그럴 듯하게 꾸며 냈을 것이라고 하는 것이다.

　우연론자에게는 사실 할 말이 없다. 그에게는 논리가 통하지 않기 때문이다. 그리고 이 계산들을 필자가 임의로 꾸민 것으로 생각하는 사람은 자기 주위에 있는 아무 백과사전이나 과학 서적에서 필자가 사용한 자료들을 스스로 확인해 보면 될 것이다. 논리를 이해하는 독자들은 필자의 우주론을 지지할 것이다.

제5장
무한 우주를 향하여

· 과거의 껍질
· 새로운 해석
· 균일한 속도
· 무한의 철학

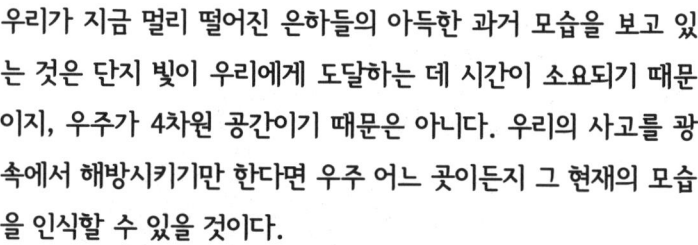

우리가 지금 멀리 떨어진 은하들의 아득한 과거 모습을 보고 있는 것은 단지 빛이 우리에게 도달하는 데 시간이 소요되기 때문이지, 우주가 4차원 공간이기 때문은 아니다. 우리의 사고를 광속에서 해방시키기만 한다면 우주 어느 곳이든지 그 현재의 모습을 인식할 수 있을 것이다.

과거의 껍질

빅뱅 우주론을 지지하는 현대의 과학자들은 우주를 4차원 공간이라고 정의한다. 4차원 공간이란 시간을 또 하나의 현실적인 축으로 간주하는 세계이다. 4차원 공간에는 중심이 없다. 우주는 4차원 공간이므로 중심이 없는 것으로 해석한다.

광속도로 팽창하고 있는 우주의 시발점은 대폭발이므로 그 최초의 폭발점은 분명히 어딘가에 있었을 것이다. 그러나 그 장소를 찾아 냈다 하더라도, 이미 그 곳은 우주의 중심이 아니다. 왜냐 하면, 우주에는 그로부터 150억 년이라는 시간이 경과해 버렸기 때문이다. 우주는 공간적으로 팽창해 갈 뿐 아니라 시간 축을 따라서도 팽창해 가기 때문에, 3차원적 공간의 중심점은 어디에서도 찾을 수 없다는 것이다.

그리고 광속으로 팽창해 가고 있는 우주에는 끝이라는 것이 없다. 우리는 150억 광년 저 너머에 우주의 지평선이 있다고 말하지만, 그곳이 우주의 끝이라는 의미는 아니다. 그쪽에서 지금 우리가 있는 곳을 본다면 이곳도 또한 우주의 지평선으로 보이게 되는데,

그러나 이곳은 분명히 우주의 끝이 아닌 것이다. 이와 같이, 우주의 어느 곳에서 보든 우주의 지평선은 150억 광년 저 너머에 있으므로, 우리는 우주의 끝을 생각할 수가 없다는 것이다.

또한 우리는 광속을 초월할 수 없으므로 결코 우주 바깥으로 나갈 수도 없다. 우리가 광속에 가까운 속도로 150억 년 동안 달려서 우주의 지평선 가까이에 있는 한 은하가 위치한 곳에 도달했다 하더라도, 그 은하는 다시 우리에게서 150억 광년 저 멀리 달아나 있는 것을 보게 될 뿐이다. 우리는 바깥이란 생각할 수도 나가 볼 수도 없고 어느 지점에서나 150억 광년이라는 등거리에 우주의 지평선을 갖는, 그러나 결코 경계가 없는 우주 속에 갇혀 있다는 것이다.

우주에 관한 이와 같은 사상은 빅뱅을 전제로 하는 것으로서, 만약 우리가 빅뱅에 의문을 갖는다면 이에 대해서도 다시 생각해 보아야만 할 것이다.

우리가 살고 있는 지구를 생각해 보자. 지구의 중심이 어디에 있는지 우리는 알 수 있다. 지구의 나이는 대략 45억 년이라고 추정한다. 우주의 나이가 대략 150억 년이라고 하니까 지구도 상당한 역사를 지니고 있는 셈이다. 그러면 45억 년 전에 지구의 중심은 어디였을까? 그 때 지구가 존재한 것이 틀림없다면 그 중심은 있었을 것이며, 45억 년이라는 시간이 흐른 지금도 지구는 여전히 중심을 갖고 있다.

은하계를 생각해 보자. 은하계의 중심은 태양계로부터 3만 광년 정도의 거리에 있다. 은하계의 나이가 100억 년이라고 한다면, 100억 년 전에도 은하계는 자신의 중심을 갖고 있었을 것이다. 그리고 지금도 역시 은하계의 중심은 존재한다.

산 속에서는 산의 전부를 볼 수 없다. 산을 보려면 산 밖으로 뛰쳐 나가든지 산꼭대기에 올라서든지 해야 한다. 옛날 땅이 평평하다고 생각하던 시대에는 땅의 중심이라는 개념이 없었다. 한없이 평평하게 펼쳐진 땅의 중심을 정하는 것은 불가능한 일이다. 지구의 중심이라는 개념은 우리의 시점(視點)을 우주 공간으로 도약시킴으로써 비로소 가능하게 된 것이다. 우주 공간에서 지구를 보면 지구는 둥글고, 지구의 중심이 어디 있는지 알 수 있다.

우리가 우주 내부에 우리 자신을 제한시켜 놓았을 때 우주의 중심을 볼 수 없는 것은 당연한 일이다. 그러므로 우주의 전체 모습을 보려면, 우선 구속된 우리의 시점(視點)을 해방시키지 않으면 안 된다. 광속도가 물질계의 한계 속도라고 해서 우리의 사고 능력마저도 그것에 제한 받을 필요는 없다. 만약 우리의 사고를 광속으로부터 해방시켜 순간적으로 우주 바깥에 뛰쳐나가 본다면, 우리는 우주의 전체적인 모습을 볼 수 있을 것이다. 이때 우리가 보게 되는 우주는, 마치 위에서 지구를 내려다보듯, 당연히 경계도 중심도 모두 갖는 3차원 우주일 것임에 틀림없다.

우리가 경험적 혹은 통상적으로 이해할 수 있는 장소는 모두 3차원 공간이다. 우리 은하계가 위치한 곳은 우주 속에서 특별한 장소가 아니다. 그리고 다른 은하들이 위치해 있는 장소 역시 그곳에서 보면 우주 속의 평범한 곳일 수밖에 없다. 그렇기 때문에, 우리가 우주의 어느 부분에 가더라도 그곳은 3차원 공간으로 인식될 것이다. 즉, 우주의 모든 장소는 3차원 공간이다.

우리가 지금 멀리 떨어진 은하들의 아득한 과거 모습을 보고 있는 것은 단지 빛이 우리에게 도달하는 데 시간이 소요되기 때문이지, 우주가 4차원 공간이기 때문은 아니다. 우리의 사고를 광속에서 해방시키기만 한다면 우주 어느 곳이든지 그 현재의 모습을 인식할 수 있을 것이다.

우리는 과거를 '볼' 수 있을 뿐 과거로 '갈' 수는 없고, 그리고 미래는 결코 '볼' 수도 또한 '갈' 수도 없다. 왜냐하면, 시간이란 우주의 변화를 정량화한 관념일 뿐, 현실의 축이 아니기 때문이다.

우주가 4차원 공간이라는 생각의 근원은 빅뱅 이론이다. 따라서, 우주의 과거와 현재가 같은 모습이라면 3차원 공간만으로도 충분히 조화로울 것이다.

최근 발견되기 시작한 우주의 대구조는 이제 팽창 우주론과 4차원 공간 이론에 일대 타격을 주고 있는 것 같다. 빅뱅 이론 지지자들은 우주의 팽창과 진화에 대해 이야기하지만, 현재까지 발견된 우주의 대구조는 수억 광년에서 70억 광년에 이르는 어마어마한 규모이다. 70억 광년 거리에 있는 구조는 70억 년 전의 모습이다. 그런데 70억 년 전의 구조나 우리에게 아주 가까이 있어 거의 현재의 모습이라고 할 수 있는 구조나 모두 같은 형태라고 한다면, 우주의 팽창에 따른 진화는 없었다는 이야기가 된다. 우주 구조의 진화가 없었다면 빅뱅 역시 없었다고 할 수 있다.

과학자들은 빅뱅 이론의 심각한 모순점을 해결하기 위해 여러 가지 의견들을 내놓고 있다. 인플레이션 우주론만으로는 역부족이어서 최근 영국의 스티븐 호킹은 시간 이전의 시간, 즉 허수 시간을 동원하는 천재성을 보이기도 한다. 이것은 마치 지구가 우주의 중심이라고 생각하던 시절, 서쪽으로 진 태양이 밤새 바다 밑으로 헤엄쳐 와서 다시 동쪽에서 떠오른다고 하던 이야기와 흡사한 느낌을 갖게 한다.

우주는 신이 창조했고, 또 우주의 중심은 지구라고 믿던 시대에도 설명하지 못할 현상이란 아무 것도 없었다. 우주의 모든 현상은 신의 논리로 명쾌하게 해석되었으며, 우주는 질서정연하게 운행되고 있었다. 그렇지만 그것이 진실은 아니었다. 마찬가지로 현재 우리가 갖고 있는 우주에 관한 모든 의문 혹은 모순점 등이 허수 시간이나 기타 기묘한 방법으로 어떻게든 설명될 수는 있겠지만, 그러나 그것은 애당초 없었을지도 모르는 빅뱅을 전제로 하고 있기 때문에 그러한 해석을 선뜻 진실이라고 받아들이기는 어려운 일일 것이다.

이제 빅뱅 이론으로 우주의 모든 현상을 설명하는 것이 한계에 다다른 것 같은 느낌이 든다. 그러므로 우리는 낡은 이론을 수정하여 유지하려고 애쓰기보다는 발상의 대전환을 통해 새로운 질서에 눈을 돌려야 할 시점에 도달했다고 생각된다.

과거의 껍질을 벗는 것은 고통스럽다. 그러나 발전은 그 껍질을 깨고 나올 때에만 가능해진다. 몇 세기 전에 갈릴레이를 단죄했던 사람들은 껍질을 깨는 고통을 견딜 용기가 없었기 때문에 갈릴레이의 입을 봉하는 손쉬운 방법을 택했으나, 승리자는 그들이 아니라 결국 갈릴레이였다.

우주 관측 기술은 급속히 발전하고 있으므로 머지않아 우주의 참모습이 점차 드러날 것이다. 과학자들이 우주와 소립자의 세계를 정확히 규명하려면, 양 세계 사이의 공간과 시간을 연결하는 무한 비례상수 10^{30}을 먼저 이해하지 않으면 안 된다. 한 번 공전하는 데 2억 년이라는 장구한 세월이 소요되는 은하의 모습은 실은 1초에 450조 바퀴를 도는 원자이며, 우리가 보는 은하는 상상을 초월하는 속도로 돌고 있는 원자가 순간적으로 정지해서 거대하게 확대된 모습이다. 그리고 원자와 은하의 연결 고리는 바로 10^{30}인 것이다.

우주의 실상이 밝혀짐에 따라 빅뱅 이론은 퇴조하고 기존 사상에 상당한 혼란이 일어나게 될 것이다. 그러나 혼란을 두려워 할 필요는 없다. 발전이란 혼란 없이는 결코 이룩될 수 없기 때문이다.

혼란은 새 질서를 찾는 과정이며 발전의 전단계(前段階)이다. 만약 인류가 새로운 것에 의한 혼란을 두려워하여 평온한 구질서(舊秩序)만 지켜 왔다면, 결코 오늘과 같은 진보를 이룩할 수 없었을 것이다. 인류 역사 발전의 매 단계마다 혼란이 있어 왔지만, 인류는 그것을 극복하며 신질서를 구축해 왔다. 오늘날에도 그와 같은 혼란은 모든 분야에 존재하며, 역사의 흐름에 따라 구질서는 끊임없이 도태되고 있다. 빅뱅 이론도 곧 도태될 것이다.

새로운 해석

빅뱅 이론에 따르면, 우주의 모든 물질들은 태초에 초고밀도의 작은 입자 속에 응축되어 있다가 대폭발에 의해 우주 공간으로 흩어졌다고 한다. 따라서 대폭발의 에너지는 우주 전체의 에너지와 같다고 볼 수 있고, 150억 년 전 우주 생성 초기에 발생한 빛의 화석, 즉 우주배경복사에는 우주적 에너지가 함축되어 있다고 해석된다. 우주배경복사는 빅뱅 이론에 의해 예언되어 있었고, 나중에 이것이 실제로 발견됨으로써 빅뱅 이론의 정당성을 뒷받침하는 결정적인 증거로 인정되었다.

그러나 프랙탈 우주론은 빅뱅을 부정한다. 만약 빅뱅이 없었다면, 우주의 모든 방향에서 같은 강도로 관측되고 있는 배경복사는 어떻게 해석해야 할 것인가?

이 문제는 다음과 같이 생각해 볼 수 있을 것이다.

태양은 태양의 에너지를 발산한다. 3천억 개의 태양이 모인 은하는 은하 전체로서의 에너지를 발산한다. 나아가 3천억 개 이상의 은하를 포함하는 우주는 또한 우주적 규모의 에너지를 발산하고 있을 것이다. 우주 창생의 빛이라고 하는 우주배경복사는 우주적 규모의 에너지를 함축하고 있다. 그러나 이 우주적 규모의 에너지는 빅뱅에 의해 발생한 것이 아니라 우리의 우주를 둘러싸고 있는 다른 우주들로부터 오고 있는 것인지도 모른다. 우리 몸 속의 세포가 다른 세포들에 의해 둘러싸여 있듯이, 우리의 우주도 같은 규모의 다른 많은 우주들로 둘러싸여 있을 것이다. 그러므로 주위의 우주들로부터 발산되는 에너지는 당연히 우리들에게 전달되고 있을 것이며, 또 그 에너지의 양도 우주적 규모일 것이다.

이것을 또 다른 각도에서 생각해 보자.

세포는 그 내부에서 생명 활동을 하고 있기 때문에, 세포막과 내부 사이에는 미세한 전위차(電位差)가 존재한다. 즉, 세포막에서의 전위가 0.06볼트 더 높다. 세포막에서의 전위가 더 높으므로, 세포막에서 세포 중심으로 미약한 전류가 흐를 것이다.

세포 내부에서 관측한다면, 그 전류는 모든 방향으로부터 같은 세기로 오고 있을 것이다. 우리 세포 내부에 작은 지적 존재들이 있어 그들도 우주에 관해 연구하고 있다면, 사방에서 균일하게 오고 있는 이 전기 에너지를 우주배경복사라고 여길 것이다.

0.06볼트의 전위차가 일으키는 전기 에너지를 에르그(erg)로 환산하면 9.6×10^{-14} erg이다. 한편, 펜지아스와 윌슨이 관측한 우주배경복사는 10^{-15} erg의 에너지를 갖고 있다. 세포의 전위차로 인한

전기 에너지와 우주배경복사 에너지의 양은 약간의 차이를 보이고 있다. 이는 상온의 세포와 3K(= 영하 270도)의 극(極)저온 우주공간이라는 서로 다른 환경조건 때문인지도 모른다. 또는, 세포막에서 세포 중심을 향해 전류가 흐를 때 세포 내부 물질들의 저항으로 전류가 약해 질 것이므로, 실제로 세포 안에서 측정하면 10^{-15} erg 정도로 나타날지도 모른다.

무한중첩 우주론을 매개로 거시 세계와 미시 세계의 난해한 현상들을 이와 같은 단순성으로써 탐구한다면, 오늘날 과학자들이 풀지 못하고 있는 많은 문제들의 해답이 의외로 쉽게 찾아질지도 모른다. 과학자들이 필자의 제안을 진지하게 검토할 때, 많은 새로운 사실들이 밝혀질 것이라고 필자는 기대한다.

균일한 속도

　이제까지 필자는 무한중첩 우주론을 입증하기 위해 공간과 시간의 양 관점에서 우주의 여러 현상들을 고찰해 보았다.
　우주를 고찰하는 효과적인 관점으로는 한 가지가 더 있는데, 이는 바로 속도이다. 속도는 공간에서의 진행 거리를 경과 시간으로 나눈 것으로서, 공간과 시간의 양 개념을 동시에 지니고 있기 때문에 높은 효용성을 함축하고 있다.

　거시 세계와 미시 세계에서 서로 대응하는 요소의 크기와 시간은 동일한 무한비례상수, 즉 10^{30}의 배율로 변화하므로 대응하는 두 요소의 운동 속도에는 아무런 변화가 나타나지 않는다.
　예를 들어, 반지름 3만 광년의 은하와 이에 대응하는 반지름 10^{-8}cm의 원자에 관해 생각해 보자. 은하의 외곽에 위치한 하나의 별과 원자의 외곽에 위치한 하나의 극미입자가 각각 은하와 원자의 중심 주위를 회전할 때의 속도를 계산해 보기로 하겠다.
　은하의 중심으로부터 약 3만 광년 떨어져 있는 별이 은하의 중심 주위를 한 바퀴 도는 데 약 2억 년이 걸린다는 사실은 이제 이 책을 읽고 있는 독자라면 누구나 다 알고 있을 것이다.

2억 년을 초 단위로 환산하면,
200,000,000(년) × 365(일) × 24(시간) × 60(분) × 60(초)
= 6.31 × 10^{15}초

그 별이 반지름 3만 광년을 유지하며 은하 주위를 일주하는 거리는 원둘레를 구하는 식으로 간단히 계산할 수 있다.

원둘레 = 2πr = 2 × 3.14 × 3만 광년
      = 2 × 3.14 × 30,000(년) × 365(일) × 24(시간)
       × 60(분) × 60(초) × 300,000km
      = 1.78 × 10^{18}km

그러면,
별의 속도 = (일주 거리) ÷ (경과 시간)
       = (1.78 × 10^{18}km) ÷ (6.31 × 10^{15}초)
       = 282km/sec

즉, 은하 중심으로부터 약 3만 광년 떨어져 있는 별의 회전 속도는 초속 282km이다. 태양은 은하 중심으로부터 3만 광년보다 조금 더 멀리 떨어져 있는데, 태양이 은하 중심 주위를 회전하는 실제 속도가 초속 250km 정도인 것을 고려하면 위의 계산은 상당히 괜찮다.

이번에는 원자 쪽을 살펴보자.

반지름 10^{-8}cm인 원자의 바깥쪽 궤도를 돌고 있는 극미입자 한 개를 생각해 보겠다. 극미입자가 원자핵 주위를 한 바퀴 도는 데 걸리는 시간은 바로 원자의 회전 주기를 의미한다. 이것은 제4장의 '원자의 회전 주기 예측'에서 구한 바와 같이 2.22×10^{-15}초이다.

그리고, 극미입자가 원자를 일주하는 거리는,

$2\pi r = 2 \times 3.14 \times 10^{-8}$cm
$\quad\quad = 6.28 \times 10^{-8}$cm
$\quad\quad = 6.28 \times 10^{-13}$km

극미입자가 원자핵 주위를 회전하는 속도는 일주 거리를 소요 시간으로 나누면 된다.

극미입자의 속도 = $(6.28 \times 10^{-13}$km$) \div (2.22 \times 10^{-15}$초$)$
$\quad\quad\quad\quad\quad = (6.28 \div 2.22) \times 10^{-13+15}$
$\quad\quad\quad\quad\quad = 2.82 \times 10^2 = 282$km/sec

즉, 극미입자의 회전 속도는 별이 은하핵 주위를 회전하는 속도와 같은 초속 282km이다.

거시 세계와 미시 세계 사이에서 공간과 시간은 같은 배율로 변화하므로 사실 이 결과는 일일이 계산해 보지 않더라도 알 수 있다. 그러나 이렇게 한번 계산해 봄으로써, 속도 균일의 원리를 보다 확실하게 실감할 수 있는 것이다.

이 주제의 요점은 거시 세계와 미시 세계에서 서로 대응하는 요소들의 운동 속도는 항상 동일하게 나타난다는 사실이다. 우주와 세포 내부의 모든 요소들은 끊임없이 운동하고 있으므로, 양 세계의 대응 요소들을 비교함에 있어서는 그 운동 속도에 주목하는 것도 하나의 방법이 된다.

좋은 예를 한번 들어 보자.

퀘이사(quasar)는 격렬한 활동을 하고 있는 은하핵인데, 그 지름은 대개 1광년 미만으로 관측되고 있다. 그런데 퀘이사 내부의 물질들은 광속에 가까운 속도로 그 내부를 돌고 있다고 추측된다. 퀘이사가 은하핵이라면 이에 대응하는 것은 원자핵이다. 그렇다면 원자핵 내부에도 광속에 가까운 속도로 운동하는 물질이 발견될 수 있을 것이다.

그것은 중성자이다. 중성자는 원자핵 내부, 즉 반지름 10^{-13}cm의 좁은 공간에서 빠르게 돌고 있다. 중성자는 광속에 가까운 초속

3만 킬로미터 이상의 속도로 원자핵 내부를 회전하고 있는데, 매 초 회전수는 정신이 아찔할 정도로 많은 10^{22}회이다.

중성자가 얼마만큼 빨리 도는지는 원자의 회전수와 비교해 보면 잘 이해할 수 있다. 우리는 앞에서 원자가 1초에 450조 바퀴씩이나 돌고 있음을 알고 놀란 적이 있었다. 450조는 4.5×10^{15}이다. 그러므로 중성자의 회전수는 매 초 450조 바퀴를 도는 원자보다 약 10^7배, 즉 천만 배나 더 많다.

원자핵 속에 갇혀 있는 중성자는 원자핵이 갖는 강한 핵력(核力)의 장벽을 뚫고 밖으로 뛰쳐나오는 것이 통상적으로는 불가능한 일이다. 그러나 중성자가 이처럼 광속에 가까운 속도로 돌고 있기 때문에 소위 터널링(tunnelling)이라는 양자론적(量子論的)인 현상이 발생한다. 즉, 확률적으로 일정한 시간이 경과할 때마다 중성자가 원자핵을 뚫고 밖으로 나오는데, 이를 터널링이라 일컫는다.

중성자가 10^{-13}cm라는 좁디좁은 공간에서 매 초 10^{22}바퀴씩이나 돌고 있는 이유를 필자가 알 수는 없지만, 그러나 그와 똑같은 운동이 거시 세계의 은하핵 안에서도 행해지고 있다는 사실은 흥미진진한 일이 아닐 수 없다.

무한의 철학

갈릴레이는 지동설로써 인류의 무대를 지상으로부터 우주 공간으로 끌어올렸다. 필자의 프랙탈 우주론은 인류를 무한 우주로 초대할 것이다.

필자가 이 책을 쓰는 목적은 새로운 우주론을 제시하기 위함이다. 과학은 위대하며, 이 책에 사용된 자료들은 모두 현대 과학의 위대한 산물이다. 필자가 의문을 제기하는 것은 단지 빅뱅 이론이라는 현대의 신화(神話)에 대해서이다. 빅뱅 이론은 천체의 스펙트럼에 나타나는 적색편이 현상을 바탕으로 한 일종의 추론으로서, 이는 신성불가침의 영역이 아니기 때문에 이에 대한 의문의 제기 또는 비판이 금기시될 이유는 전혀 없다.

무한중첩 우주론은 우리에게 철학적으로도 커다란 희망을 준다. 존재하는 모든 것은 존재 그 자체로서 우주적 무거움을 지닌다. 모든 존재 - 하잘것없는 벌레나 생명이 없는 돌멩이라 하더라도 - 는 무한 우주의 일부이며, 그 내부에는 다시 무한 우주가 담겨 있다. 존재란 무거움의 극치이다.

석가모니가 설(說)했듯이, 부처가 따로 없다. 존재하는 모든 것이 부처다. 우리 내부에는 지금 이 순간에도, 우리를 부처로 생각하거나 혹은 하지 않는 작은 생명체들이 사는 무수한 세계들이 생멸(生滅)을 거듭하고 있다.

누가 인생이 덧없다고 한탄하는가? 우리의 시계가 매 초 째깍일 때마다 우리 내부의 미시 세계에서는 영겁(永劫)의 시간이 흘러간다. 미시 세계에서는 시간의 흐름이 10^{30}배로 느려지므로, 우리의 1초는 그 세계에서 10^{30}초로 나타난다.

10^{30}초를 햇수로 환산해 보면,
10^{30}초 ÷ 60(초) ÷ 60(분) ÷ 24(시간) ÷ 365(일)
 = 3 × 10^{22}년(= 3백억 조 년)

즉, 우리 시계의 바늘이 한 번 째깍 하면, 미시 세계에서는 3백억 조 년이라는 장구한 세월이 흘러간다. 우리의 수명을 100살로 잡았을 때, 그 동안 미시 세계에서 경과하는 시간을 불교에서 말하는 겁(劫 = 43억 2천만 년) 단위로 표시해 보면, 물경 200억 나유타 겁이 된다. 우리는 바로 무한의 시간 한가운데에 있는 것이다.

무한 우주는 문자 그대로 무한하다. 공간적으로도 또한 시간적으로도 무한하다. 무한은 시작도 없고, 또 그 끝도 없다. 무한은 경계가 없기 때문에 그 중심 또한 없다. 이와 같이, 우주는 시공(時空)을 통해 무한하므로 지금 이 순간의 나 자신이 무한 우주의 중심이라고 생각할 수도 있다.

그렇다해도 결코 오만해서는 안 된다. 존재하는 모든 것은 나와 똑같이 우주의 중심이 될 수 있기 때문이다. 나의 무거움만큼, 존재하는 모든 것은 똑같은 무거움을 갖는다. 모든 존재의 대등한 무거움을 이해할 때 우리는 무한 우주 속에서 자신의 위치를 이해하고, 나아가 무한과 진정한 조화를 이룰 수 있을 것이다.

무한 우주를 이해하는 열쇠는 과학이다. 필자가 보기에 과학은 본질적으로 또한 궁극적으로 무한 우주를 지향하고 있는 것 같다. 우주를 진정한 과학의 눈으로 바라볼 때, 인류의 문명은 무한 우주의 차원으로 활짝 개화하게 되리라고 생각한다.

[부록] 월간조선 1994년 3월호에 게재된 에세이

10의 30승의 수수께끼

– 무한중첩연속(無限重疊連續) 우주론 –

우주 : 세포, 분자 : 국부은하단, 원자 : 은하의
크기 비율은 늘 10^{30} 정도의 상수로 나타난다는
놀라운 사실을 발견했다.
원자세계는 축소된 미시의 우주이며
인간은 우주 속에 살지만
또한 무수한 미시우주를 몸 안에 갖고 있다.

종교는 은둔에서 벗어나 과학적인 시각으로써 자신을 재조명해야 할 것이며, 과학은 옛 기록들을 체계적으로 분석함으로써 그 속에 담겨진 지혜를 재발견해야 할 것이다.

1. 인류가 가진 두 가지 의문

 인간이 가진 가장 원초적인 의문은 생명의 기원과 우주의 실체에 관한 것이리라. 오늘날 이 두 가지 기본적인 의문에 대한 끊임없는 과학적 탐구가 계속되고 있지만 그 해답에 도달하는 것은 아직도 요원하며, 사실 대부분의 과학자들은 이에 대한 궁극적인 해답이 과연 있는지 조차 확신하지 못하고 있는 것이 현실이다. 그러나 오랜 옛날부터 이들 의문에 대한 단정적인 해답을 제시하고 또한 세대에서 세대를 거치면서도 수많은 사람들이 그것을 굳게 믿고 있는 사상체계가 있으니 이는 곧 종교이다.
 현재 인류의 정신세계를 이끌고 있는 종교는 크게 나누어 두 가지로 볼 수 있다. 그 하나는 유태교 및 그에서 파생된 기독교, 마호메트교 등 중동의 사막지대에서 일어난 유일신을 숭배하는 종교로서 신의 절대적 권능에 대한 믿음의 종교라 할 수 있고, 다른 하나는 석가모니의 가르침을 따르는 불교로서 이는 인간 스스로 자아와 우주의 본질을 깨쳐 나가야 하는 깨달음의 종교라 할 수 있다. 기독교의 원류인 유태교는 약 3천5백 년 전 모세에 의해 그 체계가 이루어졌다고 할 수 있으며, 불교는 약 2천5백 년 전 석가모니의 가르침을 계승하기 위해 성립되었다.
 유태교 및 기독교의 경전들은 여러 시대에 걸쳐 많은 저자들이 쓴 것을 집성한 것이며, 불교의 경전들은 석가모니의 열반 후 제자들이 기억을 모아 기록한 것이다. 이들 종교의 신실한 신자들에게는 불경스런 말이겠지만, 객관적으로 생각해 볼 때 그러한 기록들에는 필경 기록자들의 생각이나 당시의 보편적인 가치관 같은 것이 가미되고 채색되어 있을 것이며, 그리고 당연히 모든 경전들은 수천 년 전 당시 사람들의 언어로 쓰여져 있는 것이 사실이다.

종교가 내포하고 있는 진리는 과거나 현재나 변함없을 것이지만 과학이 발달한 오늘날에는 옛날 사람들의 시각을 탈피하여, 경전 속에 고대의 언어로써 감추어지고 고대의 관념으로써 덧씌워진 진리의 본질을 찾아내어 현대적으로 해석하고 조명해 볼 필요가 있을 것이다. 필자는 이 글에서 인류의 두 가지 기본적인 의문 중 우주의 실체에 관하여 석가모니가 제시한 해답을 현대적으로 해석함으로써 우주의 본질에 대해 논리적으로 접근해보고자 한다.

2. 불교의 우주관

불교의 경전은 그 수가 방대하고 또 그 속에 담겨진 석가모니의 가르침은 인간이 안고 있는 모든 문제에 걸쳐 있지만 그 중에서 가장 중요한 주제는 우주의 본질에 관한 것이라 할 수 있다.

불교에서 말하는 부처의 참 뜻이 무엇이냐에 대해서는 여러 가지 해석이 있지만, 어떤 사람들은 부처란 우주의 다른 표현이라고 해석하고 있다. 이 해석을 받아들일 경우, 불경에서 「부처를 본다」 또는 「여래를 본다」 라고 하는 구절은 우주의 본질을 깨닫는다는 의미가 될 것이다.

그리고 대승경전들에는 부처의 키가 무한히 크며 그 수명 또한 무한히 길다는 구절이 빈번하게 나오는데, 그 뜻은 우주는 공간적으로 무한히 크며 시간적으로 무한히 길다는 것으로 풀이될 수 있을 것이다. 그러나 석가모니는 부처의 키나 수명을 말할 때 그냥 무한하다고 하지 않고 겁, 아승기, 항하사, 나유타 등 거대한 단위를 사용하여 구체적으로 표현하고 제자들의 이해를 돕기 위해 여러 비유를 들어 반복적으로 설명하고 있다. 또한 석가모니는 무한한 우주라 하더라도 한낱 티끌에 불과하며, 하나의 티끌 속에도 무량우주가 담겨져 있다고 가르친다. 그러면 이와 같은 석가모니의 우주관을 어떻게 현대적으로 해석할 것인가?

필자는 석가모니의 우주관이 정확히 표현되어 있다고 생각되는 구절을 관무량수경(觀無量壽經)이라는 경전에서 찾았는데 그것은 다음과 같다.

제9절 진신관(眞身觀): 無量壽佛...
　　　　　　　　　　　佛身高六十萬億那由他恒河沙由旬...
제10절 관음관(觀音觀): 觀世音菩薩...
　　　　　　　　　　　身長八十萬億那由他由旬...
제11절 세지관(勢至觀): 大勢至菩薩...

> 身量大小亦如觀世音...

즉, 아미타불(무량수불)의 신장은 60만억 나유타 항하사 유순이고, 관세음보살의 신장은 80만억 나유타 유순이며, 대세지보살의 신장은 관세음보살과 같다고 하는 내용이다. 석가모니는 여기서 부처 즉 우주의 크기를 아주 상세하게 표현하고 있는데, 이 경전의 명칭을 고려해볼 때 석가모니는 이 구절로써 우주의 실체에 대하여 확정적으로 설파하고 있다는 것이 필자의 판단이다.

3. 관세음보살의 신장을 계산한다

그러면 우선, 관세음보살의 신장인 80만억 나유타 유순이 도대체 얼마만한 크기인가를 먼저 계산해 보기로 한다.

「나유타」란 아주 많은 수를 표시하는 인도의 단위로서 천억 또는 만억을 뜻하는데, 이 구절이 아주 큰 부처의 신장을 표현하고 있는 점과 나유타 앞에 이미 만억이라는 단위를 사용하고 있는 점을 고려해 볼 때, 여기서 사용된 나유타란 만억을 뜻한다고 보는 것이 합리적일 것이다. 그리고 「유순」이란 인도의 거리 단위로서 우리나라식의 표현으로 바꾼다면 약 30리 또는 40리에 해당되며, 이 단위도 마찬가지로 거대한 부처의 키를 나타내는 데 사용되고 있으므로 큰 쪽인 40리(=16km)를 택하는 것이 더 합리적이라고 생각된다. 따라서 80만억 나유타 유순을 현대적으로 표현하면 다음과 같이 된다.

   80 × 만억 × 만억 × 16km
   = 80 × 10,000 × 100,000,000 × 10,000 × 100,000,000 × 16km
   = 1,280,000,000,000,000,000,000,000,00
   = 1.28 × 10^{27}km

이것은 그야말로 무한의 크기라 할 수 있고 제한된 세계에서 살고 있는 우리로서는 얼핏 감을 잡기 어려운 규모이므로, 이 수치를 우리가 상식적으로 알고 있는 은하의 크기 및 우주의 크기와 비교해 보기로 하겠다.
  태양계가 포함된 우리 은하계의 반경은 약 5만 광년이며, 이와 같은 은하를 천억 개 이상 포함하고 있는 대우주의 반경은 현재까지 관측된 바로는 약 150억 광년이라고 한다.

광년이란 빛이 매 초당 30만km로 1년간 달리는 거리를 말하므로 은하계의 반경인 5만 광년이란,
   300,000km × 60(초) × 60(분) × 24(시간) × 365(일) × 50,000(년)
   = 4.7 × 10^{17}km 이고,

또 대우주의 반경인 150억 광년은,

300,000km × 60 × 60 × 24 × 365 × 15,000,000,000
= 1.4 × 10^{23}km 로 표시된다.

따라서 관세음보살의 신장은 은하계 반경의 2.7×10^9 배 즉 27억 배이며, 대우주의 반경의 9×10^3 배 즉 9천 배가 되는 상상을 초월하는 크기이다.

은하 및 우주의 반경은 현재의 과학수준으로는 대략적으로 알 수 있을 뿐이기 때문에 27억 배 또는 9천 배라는 수치가 큰 의미를 갖는 것은 아니지만, 이것으로써 우리는 불교에서 말하는 부처 또는 우주의 크기가 얼마나 어마어마한 규모인가를 짐작할 수 있다. 만약 여기서 관세음보살과 우주를 동시에 생각해본다면, 반경 150억 광년의 우리 우주 옆에 그보다 9천 배나 더 큰 어마어마한 부처가 나란히 서 있는 모습을 상상하기보다는 거대한 부처의 내부에 조그맣게 자리 잡고 있는 우리의 우주를 떠올리게 된다.

4. 프랙탈 구조

석가모니는, 우주는 무한하지만 티끌과 같고 티끌 속에도 또한 무량우주가 있다고 가르친다. 즉, 그의 우주는 수평적으로 무한할 뿐 아니라 수직적으로도 프랙탈 구조로서 계속하여 이어진다.

잠시 여기서 프랙탈(fractal)이라는 용어에 관하여 스웨덴의 수학자 코흐가 고안해낸 일종의 초(超)눈송이의 예를 들어 설명해보자.

[먼저 정삼각형을 하나 그린다. 그리고 각 변을 3등분하고 그 중 가운데 부분을 밑변으로 하는 새로운 작은 정삼각형을 각 변 위에다 그린다. 그러면 그 모양은 6개의 팔을 가진 별 모양이 된다. 이번에는 6개의 팔인 각각의 정삼각형에서 바깥쪽 양변을 3등분하고 앞서와 마찬가지 방법으로 가운데 부분에 새로운 정삼각형을 그린다. 그러면 18개의 정삼각형으로 삐죽삐죽한 도형을 얻게 된다. 이번에는 그 18개의 정삼각형의 바깥쪽 양변을 3등분하여 같은 방법으로 새로운 정삼각형을 그려 나간다.

이런 식으로 계속해서 새로운 삼각형을 만들어 나간 것이 바로 초눈송이이다. 이런 도형에서는 처음의 삼각형이 아무리 크더라도 그리고 아무리 정교하게 그 위에 작도를 해 나간다 하더라도, 곧 새로운 삼각형들은 더 이상 손으로 그릴 수 없을 정도로 작아지고 만다.

기하학에서 점은 0차원이고, 선은 1차원이며, 평면은 2차원, 입체는 3차원이라고 정의한다. 그러나 초눈송이의 경계선은 끝없는 보풀이 일어있을 뿐 아니라 각 점에서 갑작스런 방향전환을 하기 때문에 그것을 정상적인 선으로 생각할 수 없고 그렇다고 평면이라고 할 수도 없다. 즉, 그것은 1과 2사이의 차원을 가지고 있는데, 프랑스 태생인 미국의 물리학자 망델브로는 그 차원을 $\log 4$를 $\log 3$으로 나눈 값으로 생각하는 것이 타당하다는 것을 밝혔다. 이 값은 약 1.26186이다. 따라서 초눈송이의 경계선은 $1\frac{1}{4}$을 약간 넘는 차원을 가진다. 초눈송이와 같이 정수가 아니라 분수의 차원을 갖는 이러한 도형을 프랙탈이라고 부른다.

5. 프랙탈 구조가 갖는 특성

여기서 우리가 주목할 점은 프랙탈의 구조이다. 처음 삼각형의 한 변에 붙어 있는 비교적 큰 삼각형 하나를 선택해서 조사해 보면, 거기에는 점점 더 작은 삼각형들이 무한히 붙어 자라나므로 무한히 복잡한 모양을 하고 있다. 그런데 거기에 붙어 있는 작은 삼각형 중에서 현미경으로 보아야만 겨우 볼 수 있는 아주 작은 삼각형을 하나 선택하여 그것을 제대로 볼 수 있을 만큼 확대시킨다고 하자. 그러면 그것은 처음에 선택한 큰 삼각형과 똑같이 복잡한 모양을 하고 있는 것을 알 수 있다. 또 여기에 붙어 있는 더욱 작은 삼각형을 하나 선택한다 하더라도 그것을 확대시킨 모양은 처음의 삼각형과 똑같다. 이와 같이 아무리 작은 삼각형을 선택하더라도 처음의 삼각형이 지닌 복잡한 모양을 그대로 갖게 되는 것이 프랙탈의 특성이라 할 수 있다.

또 다른 간단한 예로서, 줄기가 세 갈래로 갈라진 나무를 생각해 보자. 이 세 갈래의 줄기는 각각 다시 세 갈래로 갈라지고, 새로 갈라진 줄기들은 다시 세 갈래로 갈라진다. 이런 식으로 새로운 줄기에서 다시 세 갈래로 영원히 갈라져 나가는 초(超)나무에서는 어느 하나의 줄기가 아무리 작은 것이라 하더라도 전체 나무와 똑 같은 복잡성을 가진다.]

- 참조: 아이작 아시모프 저, 「우주의 비밀」 -

이상 프랙탈의 개념에 대해 간단히 살펴보았는데, 석가모니의 가르침에 따르면 우주는 프랙탈 구조를 갖는다고 해석할 수가 있다. 즉, 우리의 우주는 부처라고 표현된 거대한 존재 내부의 아주 작은 부분이며, 이와 마찬가지로 우리 몸 안에도 무한히 많은 소우주들이 담겨져 있다는 것이다.

6. '부처가 내 속에 있다'는 가르침의 의미

그렇다면 부처와 같은 거대한 존재는 무수히 많이 있을 것이고 그들의 하늘에는 다시 무한의 우주가 펼쳐져 있을 것이며, 같은 논리로서, 우리의 몸속에도 우리를 거대한 부처로 여길 작은 존재들이 무수히 있을 것이고 그들의 몸 안에는 또다시 무한의 우주가 연속될 것이다.

'티끌 속에 우주가 있고 우주 또한 티끌이며, 그리고 부처가 내 속에 있고 나 또한 부처'라는 석가모니의 가르침은 막연한 관념으로써가 아니라 이와 같은 구체적인 인식으로써 접근할 수 있다. 이제 아미타불의 키가 관세음보살보다 항하사 배나 더 크다고 표현된 구절도 자연스럽게 이해할 수 있겠는데, 석가모니는 부처 중의 부처인 아미타불의 키로써 우주의 프랙탈 구조적 연속성을 설(說)했다고 해석할 수 있을 것이다.

지금부터 필자는 석가모니의 우주관을 현대적 자료들을 사용하여 세밀히 분석함으로써 그가 말하고자 한 우주의 실체에 보다 더 접근해보고자 하는데, 이와 같은 시도는 분명 우주에 대해 고뇌해 본 많은 사람들에게 신선한 흥미를 유발할 것이라고 생각한다.

우리의 우주가 어떤 무한히 큰 존재 속에 들어 있고 우리 몸속에도 무한히 작은 세계가 프랙탈 구조로서 다시 연속되어 있다는 우주관을 당장 증명할 수는 없지만, 그러나 필자는 그 가능성을 어느 정도 밝혀 낼 수 있다고 생각한다.

여기 작은 삼각형과 큰 삼각형이 있는데, 이 두 삼각형이 닮은꼴이라면 서로 대응하는 세 변의 비가 모두 같을 것이고 따라서 어느 하나를 축소시키거나 확대시켜 다른 쪽과 같은 크기로 만든다면 두 삼각형은 정확히 일치하게 될 것이다. 그러므로 닮은꼴이란 크기만 서로 다를 뿐 본질적으로 동일성을 갖고 있는 것이다.

이제 한 삼각형을 점점 축소시키고 다른 것은 점점 확대시켜 보자. 이렇게 하면 크기는 10배, 20배… 점점 차이가 나게 되겠지만 양 삼각형이 닮은꼴이라는 본질에는 변함이 없을 것이다. 만약 두 삼각형을 그 크기에 있어서 하나는 소립자 수준까지 축소시키고 다른 하나는 대우주 수준까지 확대시켰다 하더라도, 우리가 그 대응하는 변의 비를 측정할 수만 있다면 두 삼각형이 닮은꼴임을 증명하는 데는 아무런 문제가 없을 것이다.

위와 같은 논리로 석가모니의 우주관을 생각해보자. 우리의 우주가 부처라는 거대한 존재의 내부에 있고 우리 내부에도 무한의 우주가 같은 구조로서 연속되어 있다면 여기에는 반드시 위와 같은 비례관계가 성립할 것이라고 추론할 수 있다. 그리고 비례관계가 성립하는 경우 그 값은 사람과 부처의 크기의 비와 동일할 것이다.

사람은 갓난아기부터 성인에 이르기까지 크기가 다양하기 때문에 그 평균적인 신장을 1m로 잡으면 될 것이므로, 사람과 부처의 신장의 비는

$$1m : 1.28 \times 10^{27} km = 1 : 1.28 \times 10^{30}$$ 이다.

그러나 이와 같은 세밀한 수치는 표현상 오히려 부적절할 수 있으므로, 사람과 부처의 신장의 비를 대략 $[1 : 10^{30}]$으로 보기로 하자.

여기서 부처의 내부를 구성하는 큰 우주를 거시세계라 하고 우리 내부에 프랙탈 구조로서 연속된 아주 작은 우주를 미시세계라 하면, 거시세계를 구성하는 모든 요소들과 미시세계에서 그에 대응하는 요소들 사이에는 위와 동일한 비례관계가 성립할 것이라고 추론할 수 있다.

7. 거시세계와 미시세계의 비교

그러면 거시세계와 미시세계의 어떤 요소끼리 서로 대응하는가를 생각해 보기로 하자.

먼저 거시세계.

인간이 현대 과학으로써 관측하고 있는 대우주의 반경은 약 150억 광년이다. 우주를 구성하는 기본 단위는 은하라고 할 수 있는데 이 우주에는 천억 개 이상의 은하들이 분포되어 있으며, 은하는 인접한 다른 은하들과 은하군을 형성하고 은하군들이 모여서 더 큰 은하단을 이루고 있다. 또 은하의 중심에는 은하핵이 있고 은하는 그 중심을 축으로 하여 회전운동을 하며, 은하군을 구성하는 은하들은 은하군의 인력중심 주위를 돌고 있다. 은하는 별의 집단으로서, 우리 은하계는 대략 3천억 개의 별들로 이루어져 있으며 태양도 그 별들 중의 하나이다.

다음은 우리 내부의 미시세계를 들여다보자.

우리의 몸을 구성하는 기본단위는 세포이다. 인간의 신체는 약 50조 개의 세포로써 구성되어 있는데 세포의 크기는 반경 약 5미크론(5×10^{-4}cm)에서 50미크론(5×10^{-3}cm) 사이에 분포되어 있다. 세포의 기초단위는 원자라 할 수 있는데 인간의 몸은 대략 63%의 수소, 25.5%의 산소, 9.4%의 탄소, 1.4%의 질소 및 0.7%의 기타 원자로 구성되어 있다.

원자가 몇 개 합쳐 물질의 특성을 갖는 최소 단위인 분자를 이루고, 분자들이 모여서 단백질, 핵산 등의 거대분자를 만들며 이 거대분자들이 모여서 세포 내의 형태학적 물질인 리보솜, 미토콘드리아, 핵, DNA 등을 만든다. 그리고 원자의 중심에는 원자핵이 있고 그 주위를 전자가 돌고 있으며, 분자를 구성하는 원자들은 상호 진동함과 동시에 그 인력중심 주위를 돌고 있다. 원자는 물질의 궁극적인 최소 단위가 아니며 그 내부에는 무수한 소립자가 존재한다.

이상 살펴본 거시세계와 미시세계의 체계를 간단히 정리하면 다음과 같다.

거시세계: 별(태양) – (은하핵) – 은하 – 은하군 – 은하단
  – 우주 – 부처
미시세계: 소립자 – (원자핵) – 원자 – 분자 – 세포내소기관
  – 세포 – 사람

필자는 양 극단의 두 세계를 살펴보고 그 구성 요소를 서로 대응시켜 위와 같이 정리했는데, 이렇게 대응 요소를 결정하기 위해 각 단계의 크기의 비와 동일 요소 상호간의 간격 등 여러 가지를 고려했다. 만일 거시세계와 미시세계가 프랙탈 구조로서 연속된다는 우주관이 옳은 것이라면 대응하는 각 요소들 사이에는 사람과 부처의 키의 비인 대략 $[1 : 10^{30}]$의 비례법칙이 성립할 것이고, 그 우주관

이 틀린 것이라면 이와 같은 비례법칙이 성립할 리가 없을 것이다.

그런데 각 대응 요소의 크기의 비를 구하기 위해서는 각 요소의 크기가 먼저 결정되지 않으면 안되는 바, 현대과학으로써 그 크기가 거의 정확하게 알려져 있고 또한 그 크기가 일정한 범위 내에 분포되어 있는 것으로는 원자핵과 은하핵, 원자와 은하, 그리고 세포와 우주 등을 들 수 있다.

원자의 반경은 옹스트롬(10^{-8}cm)으로 표시되며, 원자핵의 반경은 원자반경의 약 10만분의 1인 10^{-13}cm이다. 세포의 반경은 약 5미크론(5×10^{-4}cm)에서 50미크론(5×10^{-3}cm) 사이에 분포되어 있다.

그리고 은하의 반경은 약 1만 광년에서 5만 광년 사이에 분포되어 있으며 그 평균적인 반경은 약 3만 광년이다. 은하의 중심에는 은하핵이 있는데, 우리 은하계의 경우 그 반경은 약 0.33광년이다. 그리고 천억 개 이상의 은하로 구성되어 있는 대우주는 최근 그 반경이 약 150억 광년이라고 추정되고 있다.

이상 비교할 각 요소들의 크기를 알아보았는데, 우리는 여기서 한 가지 작은 문제점에 부딪치게 된다. 즉, 위에서 살펴 본 수치들은 모두 대략치로서 확정적인 하나의 크기를 갖는 것이 아니라 일정한 범위 내에 분포되어 있기 때문에 과연 어떤 크기를 서로 비교할 대상으로서 결정할 것인가 하는 것이 문제가 될 수 있다.

8. 세포가 곧 우주

혹자는 확정적인 값을 갖지 않는 대상을 비교하는 것은 무의미하므로 이와 같은 시도가 별 가치 없는 일이라고 주장할 수도 있겠지만, 현실적으로 우주에는 확정적인 단일의 값을 갖는 대상이란 존재할 수 없으므로 필자의 이야기를 전개시켜 나가기 위해 한 가지 방법을 제시하고자 한다.

즉 원자, 원자핵, 은하핵 및 우주의 반경은 현재까지 알려진 값 또는 평균치를 채택하며, 세포와 은하의 반경에 대해서는 분포하는 범위의 중간쯤 되는 25미크론과 3만 광년을 택하여 계산하고, 그 결과에 플러스 마이너스 약 10배 정도의 편차를 허용하는 것이 타당하다고 생각된다. 만일 석가모니의 우주관이 옳지 않다면 따라서 이러한 비교 자체가 아무 의미가 없는 행위라면, 우리는 10배의 편차는 고사하고 조금이라도 그럴듯한 결과를 기대할 수 없을 것이다.

그러면 양 극단 세계의 대응요소들의 크기를 비교해 보자.

첫째, 세포의 반경 : 우주의 반경
  = 25미크론 : 1백 50억 광년
  = 25×10^{-9}km : 1.42×10^{23}km

$$= 1 : 5.68 \times 10^{30}$$

둘째, 원자의 반경 : 은하의 반경
$$= 1 \text{옹스트롬} : 3\text{만 광년}$$
$$= 1 \times 10^{-13} \text{km} : 2.84 \times 10^{17} \text{km}$$
$$= 1 : 2.84 \times 10^{30}$$

셋째, 원자핵의 반경 : 은하핵의 반경
$$= 1 \times 10^{-13} \text{cm} : 0.33\text{광년}$$
$$= 1 \times 10^{-18} \text{km} : 3.12 \times 10^{12} \text{km}$$
$$= 1 : 3.12 \times 10^{30}$$

위의 놀라운 계산 결과는 석가모니의 우주관 즉, 거시세계와 미시세계가 프랙탈 구조로서 연속되어 있다는 가르침이 타당하다는 것을 시사한다. 즉, 우리가 관측하고 있는 반경 150억 광년의 대우주란 실은 어떤 거대한 존재 내부의 하나의 세포에 불과하며 그리고 반경 5만 광년의 우리 은하계는 그 세포 속의 겨우 하나의 원자에 지나지 않는다는 것, 같은 논리로써 우리 몸 속에는 세포 하나하나를 반경 150억 광년의 광대한 우주로 여길 아주 작은 존재들이 살고 있는 소우주가 50조 개나 있을 수 있다는 것을 시사하고 있다.

우주는 무한의 공간과 무한의 시간으로 이루어져 있다. 석가모니는 부처의 수명 즉 우주의 시간은 무한히 길다고 가르치는 한편 그와 같은 긴 시간도 찰나에 지나지 않는다고 가르친다. 불경에는 부처의 수명에 대하여 다양하게 표현하고 있는데, 이를 위해 겁이라는 기나긴 시간 단위를 사용하고 있다. 그 대표적인 예로서, 법화경(法華經)중 여래수량품(如來壽量品)에 실려 있는 「여래가 성불한 지는 백천만억 나유타(那由他)겁」이라는 구절을 들 수 있겠다.

겁(劫·kalpa)이란 헤아릴 수 없는 긴 시간을 말하지만 고대 인도인들의 시간 개념을 체계적으로 분석해 보면 약 43억2천만 년에 해당되며, 나유타란 만억을 뜻한다.

따라서 여래의 수명은, $100 \times 1,000 \times 10,000 \times 100,000,000 \times 10,000 \times 100,000,000 \times 4,320,000,000$년 $= 4.32 \times 10^{38}$년이나 되니, 현대과학이 추정하고 있는 우리 우주의 역사인 약 150억 년과 비교하면 아득하기 이를 데 없다.

9. 공간이 다르면 시간도 다르다

석가모니는 이렇게 무한히 긴 시간도 일순간에 지나지 않는다고 가르치고 있는 바, 이제 그의 우주관을 시간의 측면에서 고찰해 보기로 하겠다.

우주는 무한의 공간과 무한의 시간으로 이루어지지만 시간이란 공간과는 달리 순전히 관념적인 것일 따름으로 현실적인 시간축이라는 것은 존재하지 않는다. 시간은 그냥 흘러가는 것이며 우리는 우리가 존재하는 순간에 구현되는 우주를 체험하고 있을 뿐 결코 시간 축을 따라 여행할 수는 없다. 그러나 공간의 크기가 다르면 시간의 흐름은 다르게 나타난다는 것이 필자의 견해인데, 이 생각을 한 번 정리해 보기로 하겠다.

가령 가로 세로 각 100m인 운동장이 있고, 키가 1m인 사람이 달려 나갈 준비를 하고 있다고 생각해 보자. 이 사람은 100m를 10초에 주파한다고 가정한다. 그리고 어떤 마술을 써서 세상의 모든 치수를 10분의 1로 축소시킨 작은 세계를 상상해 보자. 그러면 운동장은 10분의 1로 줄어들 것이므로 축소된 사람에게는 축소된 운동장의 길이가 여전히 100m로 보일 것이다.

이제 정상세계와 축소된 세계를 운동장의 출발선이 같도록 나란히 놓고, 두 사람이 동시에 자기 운동장의 출발점에서 달려 나가게 했다고 상상한다. 이때 축소된 세계에 있는 사람의 경우 그에게는 운동장도, 그를 둘러싼 환경도, 그리고 그 자신도 모두 10분의 1로 축소되었고 또한 그가 가지고 있는 시계도 축소된 세계의 시계이므로, 그가 자기의 운동장 끝까지 달리는 데는 당연히 자기의 시계로 10초가 걸릴 것이다. 그러나 정상세계에서 볼 때 그 축소된 운동장은 10m로 보일 것이므로, 정상세계의 사람이 축소된 운동장의 끝과 동일한 지점에 도달하는 데는 1초 밖에 걸리지 않을 것이다.

이 경우 두 세계의 사람이 서로 상대편의 움직임을 볼 수 있다고 가정하면, 정상세계에서 볼 때 축소된 세계의 작은 사람이 달리는 모습은 아주 재빠르게 보일 것이고, 축소된 세계에서 볼 때는 정상세계의 거대한 사람의 달리는 동작은 마치 영사기를 10분의 1의 속도로 돌릴 때처럼 매우 느릿느릿하게 보일 것이다.

이런 현상이 생기는 이유는 시간의 흐름이 공간의 크기에 반비례하여 길게 나타나기 때문이다. 즉, 10분의 1로 축소된 공간에 있는 존재에게는 시간의 흐름이 10배 길게 느껴진다. 다시 말하면 정상세계의 1초는 10분의 1로 축소된 세계의 사람에게는 10초로 느껴진다.

축소된 공간에서 시간이 길어진다 함은 시간의 절대적인 길이가 길어지는 것이 아니라 단지 시간이 미분화되어 그 흐름을 느리게 경험한다는 의미이다.

10. 원자의 1회전과 은하의 1회전 비교

시간에 관한 이 논리는 공간을 백분의 1, 천분의 1, ... 10^{30}분의 1로 축소한 경우에도 동일한 방식으로 적용될 것이다. 따라서 거시세계와 미시세계가 프랙탈 구조로서 연속되어 있다는 석가모니의 우주관이 옳다고 가정한다면, 양 극단 세계 사이에서 시간 흐름의 비는 두 세계 공간의 크기에 반비례할 것이다. 즉, 우리의 우주를 포함하고 있는 거대한 존재의 1초는 우리에게는 우주와 세포 크기의 비만큼 기나긴 시간으로 나타날 것이며, 같은 논리로써, 우리의 1초는 우리 내부의 미립자적 세계에 살고 있을 작은 존재에게는 무한에 가까운 긴 시간으로 나타날 것이다.

  시간에 관한 필자의 이와 같은 의견이 현실적으로 성립될 수 있을 것인가? 이 문제에 접근하기 위해 필자는 은하와 원자의 운동을 고찰해 보기로 하겠다.

  은하의 모습을 찍은 사진을 다시 한 번 보자. 그것은 마치 고속으로 소용돌이치는 물체의 정지 화면을 보는 것 같다. 실제 은하들은 은하의 중심을 지나는 축 주위를 회전하고 있으며, 은하가 1회전하는 데 걸리는 시간은 약 2억 년이라고 한다. 은하의 1회전에는 이토록 긴 시간이 걸리기 때문에 그 움직임을 육안으로 관찰하는 것은 불가능하고, 천체의 스펙트럼을 분석하여 확인할 수 있다.

  거시세계와 미시세계가 프랙탈 구조로서 연속된다는 석가모니의 우주관에 따른다면, 거시세계의 은하는 미시세계의 원자에 해당된다. 따라서 미시세계에 살고 있는 아주 작은 존재들에게는 원자가 은하로 보일 것이며, 원자의 1회전 시간이 그들에게는 2억 년으로 나타날 것이다. 그러므로 만약 시간의 흐름은 공간의 크기에 반비례하여 길어진다는 필자의 견해가 타당하다면, 원자의 1회전 시간과 은하의 1회전 시간의 비는 원자와 은하의 크기의 비와 동일할 것이다.

  그러면 은하의 1회전 시간인 2억 년이라는 수치와 시간의 흐름에 관한 필자의 견해로써 원자의 회전 속도를 구해보기로 한다.

여기서 혹자는 은하의 회전속도가 은하내의 위치에 따라 다르고 원자의 회전속도 또한 원자에 따라 다르기 때문에 이와 같은 계산 자체가 성립될 수 없다고 이의를 제기할 수도 있을 것이다.

실제로 우리 은하계의 회전에 관해 살펴보면, 태양계가 위치한 지점에서의 은하의 회전속도는 1회전에 약 2억 년 걸리지만 은하계의 중심 부근에서는 약 2천만 년밖에 걸리지 않으며, 태양계보다 더 외곽에서는 당연히 2억 년 이상이 소요된다. 그리고 원자의 회전에 관해 보더라도 원자마다 회전 진동수가 다르며, 한 원자에서도 양자수에 따라 달리 나타나는 것이 사실이다.

그러나 지금 필자가 시도하는 것은 대국적인 시각에서 우주의 큰 틀을 추리하는 것이기 때문에, 여기에 사용하는 수치가 아주 세밀하지 않더라도 별 문제가 되지 않을 것이다. 앞에서 이야기한 공간의 문제에서처럼 계산 결과에 플러스 마이너스 10배의 편차를 허용할 용의만 있다면 이 이야기를 계속 진행시킬 수 있다.

은하의 회전시간을 약 2억 년으로 잡으면 은하의 위치에 관계없이 그리고 은하의 종류에 관계없이 거의가 허용된 편차 내에 들어가며, 원자의 경우에도 우리 몸을 이루는 원자의 99.3%가 수소, 산소, 탄소 및 질소로서 모두 근접한 준위에 위치하고 있기 때문에 그들의 회전 진동수는 다소 다르다 하더라도 큰 차이가 있는 것은 아니다.

11. 이 기막힌 일치 !

이제 거시세계와 미시세계 사이에서 은하의 1회전 시간인 2억 년이 원자의 회전에 적용될 경우 어떻게 나타나는지 계산해 보자. 우선 은하의 1회전 시간인 2억 년을 초 단위로 환산한다.

200,000,000년 × 365 × 24시간 × 60분 × 60초
= 6.31×10^{15}초

공간의 크기의 비는 원자와 은하의 크기의 비와 같으며, 이 값은 앞에서 계산한 바가 있다.

원자의 평균 반경 : 은하의 평균 반경
= 1옹스트롬 : 3만 광년
= $1 : 2.84 \times 10^{30}$

시간의 길이는 공간의 크기에 반비례한다는 필자의 가정에 따라서 원자의 1회전에 소요되는 시간을 계산하면,
　$(6.31 \times 10^{15}$초$) \div (2.84 \times 10^{30}) = \underline{2.22 \times 10^{-15}}$초

또 이로써 원자의 매 초당 회전수를 구하면,

원자의 매 초당 회전수 = 1 ÷ (2.22 × 10^{-15})

= 4.5 × 10^{14} 회전

거시세계와 미시세계는 프랙탈 구조로서 연속되어 있고, 시간의 흐름은 공간의 크기에 반비례하여 길어진다는 우주관으로써 계산한 원자의 1회전에 요하는 시간은 2.22 × 10^{-15}초, 그리고 매 초당 회전수는 4.5 × 10^{14} 회전이다.

이 계산 결과를 물리학적 계산치와 비교해 보자. 덴마크의 물리학자 보어는 원자의 구조를 규명함에 있어서 최초로 양자론을 도입한 위대한 과학자인데, 그의 공식은 수소원자에 적용할 경우 실제와 정확히 일치한다고 한다.

원자의 회전 진동수는 양자수에 따라 달리 나타나는데 위의 계산 결과를 비교하기 위해 양자수 2일 경우 즉, 수소원자의 스펙트럼 중 가시광선부의 진동수를 보기로 한다. 그 이유는, 우리가 알고 있는 은하의 1회전 주기 2억 년 또한 은하의 가시광선부를 관측한 결과이기 때문이다.

보어의 공식을 수소 원자에 적용할 경우, 양자수 2일 때 원자의 1회전에 소요되는 시간은 1.22 × 10^{-15}초, 그리고 매 초당 회전수는 8.2 × 10^{14} 회전이다. 물리학적 계산방법을 전혀 사용하지 않고 구한 위의 계산 결과와 보어의 공식에 따른 계산 결과를 비교해 볼 때 놀라울 만치 미소한 차이를 두고 일치하고 있음을 알 수 있다.

12. 또 10의 30승 배율

거시세계와 미시세계는 프랙탈 구조로 연속되며 양극단의 세계 사이에서 시간의 흐름은 공간의 크기에 반비례한다는 우주관의 타당성을 재확인하기 위하여, 마지막으로 분자와 국부은하군의 운동에 관해 살펴보기로 하겠다.

분자는 몇 개의 원자가 인력에 의해 결합해 있는 것으로서 물질의 특성을 갖는 최소 단위이다. 분자를 구성하는 원자들은 그 중심을 통하는 축 주위를 회전하고 있으며, 또 원자들은 상호간에 진동 운동을 함과 동시에 분자 전체의 인력중심 주위를 돌고 있다. 거시세계와 미시세계가 프랙탈 구조로서 연속되어 있다는 석가모니의 우주관으로 우리의 우주를 생각해보면, 은하계와 주위의 몇몇 은하들로 구성되어 있는 국부은하군은 거대한 존재의 세포 안에 있는 하나의 분자에 해당된다고 볼 수 있다.

우리의 은하계를 포함하는 국부은하군은 대략 30개의 대소 은하로 구성되어 있는데, 각 은하들은 자축을 중심으로 회전하면서 국부은하군 전체의 인력중심 주위를 돌고 있다. 만약 석가모니의 우주관과 공간의 크기에 따른 시간의 흐름에 관한 필자의 의견이 타당하다면, 분자와 국부은하군의 운동주기의 비는 당연히 앞의 계산 결과들처럼 대략 $[1 : 10^{30}]$의 값을 나타낼 것이다.

분자구조 안에서 원자들은 상호 진동함과 동시에 인력중심 주위를 돌고 있기 때문에, 다(多)원자분자 내에서의 원자의 운동은 3방향의 자유도를 갖는 극히 복잡한 양상을 보인다.

분자의 표준적인 진동수는 매 초당 10^{13}회이며 회전수는 매 초당 10^{11}회라고 한다. 따라서 분자가 1회 진동하는데는 10^{-13}초 걸리며, 1회전에는 10^{-11}초가 걸린다. 이처럼 분자의 진동운동은 회전운동보다 100배 빠르기 때문에 시각적으로는 주로 진동운동이 부각될 것이다. 그러므로 국부은하군의 운동과 분자의 운동을 비교함에 있어서는 진동운동을 고려하는 것이 타당할 것이다.

이 경우에도 물론 분자의 종류에 따라서 그 운동속도는 당연히 다르고 또 우리 은하계가 포함된 국부은하군이 어떤 분자에 해당될 것인지 알지 못하므로 이러한 비교는 의미가 없다는 견해가 있을 수 있겠지만, 앞에서도 언급한 것처럼 이 글의 목적이 우주의 대국적인 틀을 고찰하기 위한 것이므로 분자의 표준적인 운동과 우리 은하계가 속한 국부은하군만의 운동을 비교하는 것이 이 글의 일관성에서 벗어난다고 볼 수 없을 것이다. 어쨌든 석가모니의 우주관과 필자의 시간에 대한 견해가 타당성이 없다면, 이러한 종류의 시도로써는 아무런 답을 도출해 낼 수 없을 게 뻔하다.

은하계로부터 국부은하군의 맞은편 끝쯤에 위치한 안드로메다 은하까지의 거리는 약 250만 광년이며, 안드로메다 은하는 우리 쪽으로 다가오고 있는데 그 시선속도는 초속 약 300km라고 한다. 그러나 태양계가 은하계 주위를 공전하면서 현재의 운동방향이 안드로메다 은하 쪽으로 향하고 있기 때문에 이 효과를 감안하면, 실제로 안드로메다 은하가 우리 은하계의 중심을 향하여 이동하고 있는 속도는 초속 약 50km라고 한다.

만약 거시세계에서의 국부은하군과 미시세계에서의 분자가 프랙탈 구조로서 연관되어 있다면, 은하들도 분자 내의 원자들과 마찬가지로 회전운동을 함과 동시에 진동운동을 하고 있을 것이며, 이 경우 진동운동이 회전운동보다 100배나 빠를 것이므로 우리가 관측할 수 있는 은하들의 운동량은 거의 진동운동에 의한 것으로 볼 수 있을 것이다.

따라서 안드로메다 은하가 우리 은하계의 중심을 향하여 초속 50km로 이동하고 있는 것은 안드로메다 은하의 진동운동이라고 간주할 수 있을 것이다.

안드로메다 은하가 1회 진동하는 데 이동하는 거리는 현재의 위치로부터 국부은하군의 중심까지 왔다가 다시 제자리로 돌아갈 때까지의 거리가 될 것이므로, 그 거리는 약 250만 광년이 된다. 그리고 이를 초속 50km로 나누면 안드로메다 은하의 1회 진동에 요하는 시간을 구할 수 있다.

250만 광년 ÷ 50
= (300,000km × 60 × 60 × 24 × 365 × 2,500,000) ÷ 50

= 4.73 × 10^{17}초

따라서,
분자의 진동주기 : 국부은하군의 진동주기
= 10^{-13}초 : 4.73 × 10^{17}초
= <u>1 : 4.73 × 10^{30}</u>

이 계산결과도 역시 앞에서 예측한대로 미시세계와 거시세계의 배율과 일치한다.

13. 무의미한 존재는 없다

이상 거시세계와 미시세계가 프랙탈 구조로서 연속된다는 석가모니의 우주관을 현대적 시각으로 고찰해 보았는데, 이에 따르면 인간도 그리고 삼라만상 어느 하나도 무의미한 존재란 없다. 우리는 프랙탈 구조로서 무한히 연속되는 우주의 한가운데에 있다.

우리 몸 안의 미시세계에 살고 있을 존재들에게 우리는 무한히 거대한 존재이며, 우리의 시계가 매초 째깍거릴 때마다 미시세계에서는 무한의 시간이 흘러간다. 미시세계와 거시세계 사이에서의 시간의 흐름의 비는 대략 [1 : 10^{30}]이 될 것이므로, 우리의 시계로 1초 지나면 미시세계에서는 10^{30}초가 흘러가며 이것을 햇수로 환산

하면 약 3백억조 년이 된다. 우리의 수명을 100년이라고 할 때 그동안 미시세계에서 흘러가는 시간의 길이를 불경에서처럼 겁(=43억2천만 년)단위로 환산해 보면 물경 2백억 나유타 겁이 된다.

  이제 독자 여러분들은 우주가 티끌이며 티끌 속에 우주가 있다는 것, 부처의 수명이 백천만억 나유타 겁이며 이 또한 찰나에 지나지 않는다는 것, 그리고 나 자신이 바로 부처이며 내 속에 부처가 있고 또한 삼라만상이 불성을 지니고 있다고 가르치는 석가모니의 우주관을 보다 구체적으로 이해할 수 있을 것이다.

  필자의 이 글은 결코 현대과학이 이룬 위대한 업적을 부인하기 위한 것이 아니다. 이제 맹목과 아집의 시대는 지나갔으며 인류는 열린 우주로 들어섰다. 종교와 과학은 대립하는 체계로 인식되어서는 아니 되며, 이제 인류는 바야흐로 종교와 과학이 한 점에서 만나는 시점에 도달했다는 것이 필자의 견해이다. 종교는 은둔에서 벗어나 과학적인 시각으로써 자신을 재조명해야 할 것이며, 과학은 옛 기록들을 체계적으로 분석함으로써 그 속에 담겨진 지혜를 재발견해야 할 것이다. 이 글이 독자들에게 새로운 시각으로 우주를 바라보게끔 자극하는 계기가 되기를 기대해본다.

「10의 30승의 수수께끼」 추천사

김성구 박사 (이화여대 물리학 교수)

과학과 종교 모두가 우주의 본질이 무엇인가 하는 문제에 대해 궁극적인 해답을 얻으려고 하는 점에서는 같은 입장에 있지만 진리를 알아내는 방법과 설명하는 자세에 있어서는 극히 대조적이다. 종교는 성자의 깨달음이나 신의 계시에 의해 모든 것을 알았다고 주장한다. 반면에 과학은 인간의 일상적 경험을 바탕으로 하여 오랜 시간에 걸쳐 관찰과 검증을 통해 법칙을 찾아내고 다시 보완해 가면서 진리를 찾기에 과학적 법칙은 과학이 정해 놓은 한정된 범위에서는 진리라고 말할 수 있다.

과학과 종교가 다루는 영역이 일반적으로 다르긴 하지만 때로는 같은 영역에서 대립과 갈등을 일으키기도 한다. 천동설과 지동설의 예와 같이 과학의 영역에서 과학과 종교가 대립할 때는 대체적으로 과학이 옳은 것으로 판명되지만 그렇지 않은 예도 많이 들 수 있다. 특히 불교에서 그런 예를 많이 들 수 있는데 대표적인 예가 색즉시공(色卽是空)이나 진공묘유(眞空妙有)와 같은 개념으로서 이 두 개념은 현대 물리학의 입장에서 재해석하면 기가 막힌 진리를 담고 있다.

대부분의 종교는 2천~3천년 전에 이루어졌다. 따라서 그때 쓰여진 경전은 고대인의 물질관, 우주관 및 사상을 고대인이 이해할 수 있는 말과 방식으로 쓴 것이다. 이에 종교를 현대과학의 힘으로 새롭게 조명해 볼 필요가 있다. 여기에 그러한 시각으로 불교를 살펴본 글이 있다. 정윤표 씨의 글이다.

정윤표 씨가 불교의 우주관에 대해 현대적으로 해석한 글은 신선한 감이 있다. 어떻게 보면 황당하게 상상을 폈다는 생각을 가질 수도 있지만 관측된 과학적 사실을 바탕으로 정확한 계산을 통해 불교 경전을 새롭게 해석했다. 정윤표씨는 불교 경전에 나오는 말을 새롭게 해석하여 과학이 밝힌 물질우주의 세계와 경전이 말하는 물질우주가 지극히 작은 원자의 세계에서부터 거대한 우주에 이르기까지 놀라울 정도로 일정한 비율을 갖고 1대 1로 대응한다는 사실을 보여주고 있다. 나아가 현대과학이 미처 말하지 못하는 영역까지 이 비율로써 추론할 수 있다고 결론을 내린다. 이 결론에 전적으로 동의할 수도 없지만 그렇다고 부정할 수도 없다.

정윤표 씨의 해석은 사실 현대 물리학에서도 시도한 적이 있는 방법이다. 우주의 나이와 원자의 진동주기의 비(比)를 계산하면 엄청나게 큰 수가 나오는데 이상하게도 이 수는 중력의 세기와 전자기력의 세기의 비와 일치한다. 여기에 창안하여 영국의 물리학자 디락(Paul Dirac; 1902~1984)은 우주가 탄생했을 때는 중력과 전자기력의 세기가 같았었는데 우주가 시간이 지남에 따라 팽창함으로써 중력의 세기가 전자기력에 비해 점점 줄어들어 오늘날과 같이 약해졌다는 가설을 내세웠다.

　물론 물리학은 물질의 세계에 국한하여 이 가설을 적용시킴으로써 관측자료로써 가설을 검증할 수는 있는 반면에 정윤표 씨는 불교와 물리학을 비교함으로써 주장의 옳고 그름을 과학적으로 밝힐 수 없다는 차이가 있지만 그 방법은 과학적이다. 물리학적 지식이 전혀 없는 뱃사람이 이와 같은 방법을 창안하여 불교를 새롭게 조명해볼 수 있었다는 사실에 놀라움을 감추지 못하면서 정윤표 씨에게 계속 이러한 일에 정진하여 계속 새로운 사실을 밝혀 줄 것을 기대한다.

참고 문헌

법화경

화엄경

관무량수경

우주인의 메시지(라엘)

대영백과사전

이과연표-1991(일본국립천문대)

현대우주물리학(조경철)

겨우 존재하는 것들(김제완)

우주의 비밀(아이작 아시모프)

닭이냐 달걀이냐(로버트 샤피로)

블랙홀과 우주(이고르 노비코프)

기본물리학(데이빗 할리데이 & 로버트 레즈닉)

티끌 속의 무한우주

www.fractalcosmology.com

인 쇄: 2015년 8월 15일 2판 2쇄
지은이: 정윤표
펴낸곳: 프랙탈북스
주소: 부산광역시 남구 대연3동 243-23
전화: 010-8559-8003
e-mail: nucosmos6@gmail.com

값: 15,000원

잘못 만들어진 책은 바꾸어 드립니다.

ISBN: 978-89-960409-0-3

———————————————

Copyright ⓒ정윤표, 1994
All rights reserved